Matthias Zschornak, Dirk C. Meyer
Klassische Mechanik Kapieren
De Gruyter Studium

Weitere empfehlenswerte Titel

Classical Mechanics
Hiqmet Kamberaj, 2021
ISBN 978-3-11-075581-7, e-ISBN (PDF) 978-3-11-075582-4

Physik im Studium – Ein Brückenkurs
Jan Peter Gehrke, Patrick Köberle, 2021
ISBN 978-3-11-070392-4, e-ISBN (PDF) 978-3-11-070393-1

Quantenmechanik
Eine Einführung in die Welt der Wellen und Wahrscheinlichkeiten
Holger Göbel, 2022
ISBN 978-3-11-065935-1, e-ISBN (PDF) 978-3-11-065936-8

Klassische Mechanik
Vom Weitsprung zum Marsflug
Rainer Müller, 2021
ISBN 978-3-11-073538-3, e-ISBN (PDF) 978-3-11-073078-4

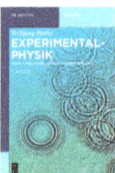

Experimentalphysik
Band 1: Mechanik, Schwingungen, Wellen
Wolfgang Pfeiler, 2020
ISBN 978-3-11-067560-3, e-ISBN (PDF) 978-3-11-067568-9

Matthias Zschornak, Dirk C. Meyer

Klassische Mechanik Kapieren

Experimentalphysik

DE GRUYTER
OLDENBOURG

Autoren

Prof. Dr. rer. nat. Matthias Zschornak
Hochschule für Technik und
Wirtschaft Dresden
Technische Physik
Friedrich-List-Platz 1
01069 Dresden
matthias.zschornak@htw-dresden.de

Prof. Dr. rer. nat. Dirk C. Meyer
Technische Universität
Bergakademie Freiberg
Experimentelle Physik
Leipziger Str. 23
09599 Freiberg
dirk-carl.meyer@physik.tu-freiberg.de

Illustratorin: Franziska Thiele

Bei der Erstellung dieses Buchs ist kein Eichhörnchen zu Schaden gekommen.

ISBN 978-3-11-102989-4
e-ISBN (PDF) 978-3-11-103027-2
e-ISBN (EPUB) 978-3-11-103037-1

Library of Congress Control Number: 2023936386

Bibliografische Information der Deutschen Nationalbibliothek
Die Deutsche Nationalbibliothek verzeichnet diese Publikation in der Deutschen Nationalbibliografie;
detaillierte bibliografische Daten sind im Internet über
http://dnb.dnb.de abrufbar.

© 2023 Walter de Gruyter GmbH, Berlin/Boston
Coverabbildung: Franziska Thiele
Satz: VTeX UAB, Lithuania
Druck und Bindung: CPI books GmbH, Leck

www.degruyter.com

Inhalt

1 Einführung

https://doi.org/10.1515/9783111030272-001

1.1 Physikalischer Erkenntnisprozess

Kennzeichen der Physik

Unter dem Begriff **Physik** wird die Beschäftigung mit der unbelebten Natur verstanden. Wie so oft besteht dabei die Tendenz, weitere Wissenschaften in die angestrebten Überlegungen einzubeziehen. Ein Beispiel dafür ist die Biophysik.

Quantitative Beziehungen in der Sprache der Physik werden mit Hilfe der Mathematik ausgedrückt. Die dabei entstehenden Formeln und Ergebnisse sind allgemeingültig.

Im Großen und Ganzen stellen die Überlegungen der Physik keinesfalls trockene Formeljonglage dar, sondern sind in vielen Bereichen des Lebens gefordert. Technik, Medizin und viele weitere Bereiche des täglichen Lebens wären ohne die Physik undenkbar. Eine geschlossene analytische Darstellung wird dabei angestrebt.

Erkenntnisprozess

Der physikalische **Erkenntnisprozess** umfasst im Allgemeinen folgende Punkte:
1. Beobachtung der Natur.
2. Durchführung von Experimenten, bei denen störende Einflüsse ausgeschlossen werden.
3. Messgeräte zur quantitativen Bestimmung physikalischer Größen.
4. Verwendung wohldefinierter Begriffe (z. B. Geschwindigkeit, Beschleunigung, Kraft, Temperatur).
5. Formulierung von Zusammenhängen zwischen definierten Größen in mathematischer Form, Nutzung von Gleichungen, Vektoren, mathematischen Operationen.

1.2 Physikalische Größen, ihre Messung und Darstellung

Physikalische Größen
Physikalische Größen sind Faktoren, die zur Beschreibung physikalischer Erscheinungen genutzt werden. Sie sind **messbar** und damit **quantitativ** fassbar.

Die **Messung** physikalischer Größen erfolgt mit Hilfe von **Vergleichsgrößen**. Eine allgemein anerkannte Vergleichsgröße wird auch **Maßeinheit** genannt.

Basiseinheiten der Mechanik im Internationalen Einheitensystem (SI)

Definition: Maß für die Zeit
Die **Sekunde** ist die Dauer von 9 192 631 770 Schwingungen der Strahlung, die der En-

ergie des Übergangs zwischen den zwei Hyperfeinstrukturniveaus des ungestörten Grundzustands im ^{133}Cs-Atom entspricht.

Definition: Maß für die Länge

Das **Meter** ist die Strecke, die das Licht im Vakuum in der Zeit 1/299792458 s zurücklegt.

Definition: Maß für die Masse

Das **Kilogramm** ist definiert über die Planck-Konstante:
$1\,\text{kg} = (h/6{,}62607015^{-34})\,\text{m}^{-2}\,\text{s}$

Durch einen Vergleich mit der Maßeinheit wird eine **Maßzahl** festgelegt. Sie besagt, wie oft die zu messende Größe in der Vergleichsgröße enthalten ist.

Beispiel. *Länge L einer Schraube (Messgröße)*
$L = 24{,}9\,\text{mm}$ (Maßzahl 24,9; Einheit: 1 mm)

Nehmen wir als ein weiteres Beispiel an, wir wollen uns wiegen. Unser Körpergewicht stellen wir allgemein mit der **Messgröße A** dar. A wird nun in der Maßeinheit **[A]** angegeben. Die Zahl, welche uns die Waage anzeigt, ist dann die Maßzahl von **A**. Wir kennzeichnen diese mit **{A}**. Es gilt entsprechend:

$$A = \{A\} \cdot [A]$$

Beispiel. *Masse m des Studenten Max (Messgröße)*
$m = 75{,}2\,\text{kg}$ (Maßzahl 75,2; Einheit: 1 kg)

Es muss beachtet werden, dass jeder Messprozess mit einer bestimmten Messungenauigkeit behaftet ist. In manchen Fällen, wie zum Beispiel im soeben genannten Wiegen des eigenen Körpers, sind größere Ungenauigkeiten vielleicht befriedigend. Im Normalfall ist man jedoch darauf bestrebt, die Ungenauigkeit, auch **Messfehler** genannt, möglichst gering zu halten.

Mögliche Fehler physikalischer Messungen sind:
1. **Systematische Fehler**
   Die Genauigkeit des Messgeräts bedingt den systematischen Fehler. Diese Art von Fehlern weist in der Regel ein Vorzeichen auf. Im Fall eines negativen Vorzeichens ist der erhaltene Messwert zu klein. Ein positives Vorzeichen weist hingegen auf einen zu großen Messwert hin.
2. **Grobe Fehler/statistische Fehler**
   Diese Art von Fehlern betrifft zum Beispiel den Ablesefehler durch den Experimentator oder Schwankungen durch Umwelteinflüsse. Hier kann eine statistische Ex-

perimentdurchführung unter Verwendung einer Messreihe und deren Mittelwert Abhilfe schaffen. Der Schwankungsbereich des Mittelwerts wird mit zunehmender Anzahl an Messungen geringer, d. h. der statistische Fehler wird kleiner.

1.3 Gegenstand der Mechanik

Die **Mechanik** beschreibt die **Bewegung von Körpern unter dem Einfluss von Kräften**. Mechanische Probleme existieren auch in anderen Teilgebieten der Physik, beispielsweise der Elektrodynamik (Elektronen im Mikroskop) oder der Thermodynamik (kinetische Gastheorie). Viele physikalische Begriffe wurden in der Mechanik entwickelt, z. B. die *Energie*, die *Leistung* und der *Impuls*. Demnach beginnt die Behandlung physikalischer Inhalte zumeist mit der Mechanik.

2 Kinematik der Punktmasse

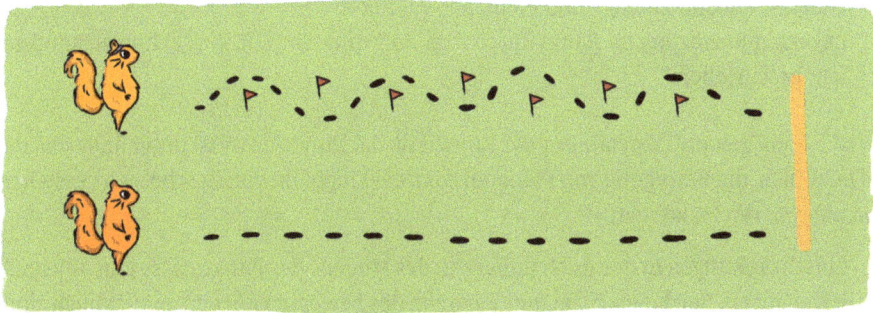

https://doi.org/10.1515/9783111030272-002

Die **Kinematik** ist die Lehre von der Bewegung eines Körpers. In diesem Fall soll es sich bei diesem Körper um eine **Punktmasse** handeln. Eine Punktmasse zeichnen die folgenden Eigenschaften aus:

- endliche Substanzmenge und endliches Volumen,
- Lage und Bewegung im Raum durch drei Koordinaten (z. B. x, y, z) hinreichend genau beschrieben.

! **Beispiel.** Ein genaues Verständnis der Kinematik der Punktmasse ist unter anderem dabei behilflich, die Bewegung von Planeten oder die Flugbahn von Geschossen verstehen und analysieren zu können.

Einschränkungen in der Anwendbarkeit des Modells der Punktmasse gibt es jedoch für Bewegungen, bei denen Form und Volumen des bewegten Körpers maßgeblich sind, z. B. im Straßenverkehr bei den Abständen der Autos untereinander. Eine Eiskunstläuferin kann ferner durch Veränderung ihrer Körperform schnelle Pirouetten ausführen, für die neben der Translation auch die Eigenschaften der Rotation eine Rolle spielen (siehe Kapitel 6).

Zunächst steht in der Kinematik die Charakterisierung der Bewegung einer Punktmasse durch die **Bahnkurve** (und deren Krümmung), die **Geschwindigkeit** und die **Beschleunigung** im Fokus. Danach werden im Gebiet der **Dynamik** die Ursachen für die Bewegung (oder Änderung des Bewegungszustandes) untersucht.

2.1 Geradlinige Bewegungen

Bewegung

Die Physik versteht unter der **Bewegung** einer betrachteten Punktmasse die Veränderung ihres **Ortes** x (später $\vec{r}$) im verwendeten Koordinatensystem (Bezugssystem) in einer bestimmten **Zeit** t.

$$[x] = 1\,\text{m}$$

$$[t] = 1\,\text{s}$$

Damit ist die Koordinate des Ortes mit der Maßeinheit 1 m als erste und die der Zeit mit der Maßeinheit 1 s als zweite physikalische Größe der Mechanik festgelegt.

Eine **geradlinige Bewegung** ist die Bewegung auf einer geraden Bahn. Für die Beschreibung einer solchen Bewegung ist es deshalb vorteilhaft, die x-Achse des zur Beschreibung genutzten Koordinatensystems in die Richtung der geraden Bahn zu legen.

Die geradlinige Bewegung besitzt folgende zwei Spezialfälle:

- **Gleichförmig geradlinige Bewegung**
  Das Wort „gleichförmig" bezeichnet den Umstand, dass **zu gleichen Zeiten** Δt **gleiche Strecken** Δx zurückgelegt werden. Die aus dieser Bewegung resultierende

Ort-Zeit-Kurve ist eine Gerade und damit eine lineare Funktion des Ortes von der Zeit. Der Geradenanstieg liefert sowohl Informationen über die Bewegungsrichtung (Vorzeichen des Anstiegs) als auch über die Geschwindigkeit (Betrag des Anstiegs) der gleichförmig geradlinigen Bewegung.

– **Ungleichförmig geradlinige Bewegung**
Die ungleichförmig geradlinige Bewegung kennzeichnet einen Bewegungszustand, in dem **in gleichen Zeitabständen unterschiedliche Wegintervalle** absolviert werden. Die resultierende Ort-Zeit-Kurve ist keine einheitliche Gerade.

Eine beispielhafte Darstellung der **Ort-Zeit-Kurven** $x(t)$ beider Spezialfälle ist in Abbildung 2.1 auf dieser Seite zu sehen.

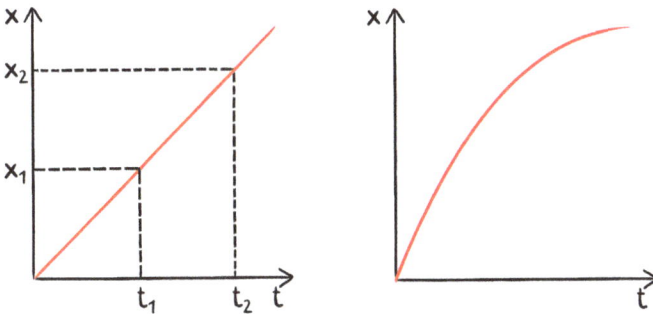

Abb. 2.1: Ort-Zeit-Kurven der geradlinig gleichförmigen (links) und ungleichförmigen Bewegung (rechts).

2.2 Definition der Geschwindigkeit

Geschwindigkeit
Die **Geschwindigkeit** v ist eine physikalische Größe, die den innerhalb eines bestimmten Zeitintervalls zurückgelegten Weg kennzeichnet.

$$[v] = 1\,\mathrm{m\,s^{-1}}$$

Die Geschwindigkeit wird häufig mit einem **Index** versehen, der auf das verwendete **Koordinatensystem** Bezug nimmt. Eine Geschwindigkeit v_x bezeichnet demnach den innerhalb einer bestimmten Zeit zurückgelegten Weg eines Körpers entlang der x-Achse. Sie kann entsprechend Formel (2.1) berechnet werden, sobald die Ortskoordinate des Ausgangs- (Index 1) und Endpunkts (Index 2) sowie die dazugehörigen Zeiten bekannt sind.

$$v_x = \frac{x_2 - x_1}{t_2 - t_1}$$

$$v_x = \frac{\Delta x}{\Delta t} \tag{2.1}$$

Durch Auflösen nach der Ortskoordinate x erhält man die **Ort-Zeit-Funktion** $x(t)$ zur Berechnung eines beliebigen Endpunktes x der geradlinig gleichförmigen Bewegung, siehe Formel (2.2):

$$x(t) = v_x \cdot (t - t_1) + x_1 \tag{2.2}$$

Selbstverständlich gilt die in Formel (2.2) definierte Gleichung nur für den Spezialfall der gleichförmig geradlinigen Bewegung. Etwas mehr mathematisches Geschick erfordern hingegen ungleichförmige Bewegungen. Um in diesem Fall eine Geschwindigkeit v_{x_p}, die sich mit der Zeit ändert, berechnen zu können, muss eine Annäherung an einen Punkt P der Ort-Zeit-Kurve erfolgen:

$$
\begin{aligned}
v_{x_p} &= \lim_{t_1, t_2 \to t} \frac{x_2 - x_1}{t_2 - t_1} \\
&= \lim_{\Delta t \to 0} \left[\frac{\Delta x}{\Delta t} \right]_{t = t_p} \\
&= \left[\frac{dx}{dt} \right]_{t = t_p} \\
&= \dot{x} \tag{2.3}
\end{aligned}
$$

Allgemein kann aus Formel (2.3) geschlussfolgert werden, dass die Geschwindigkeit **der erste Differentialquotient der Ortskoordinate nach der Zeit ($\dot{x}$)** ist. Man erhält nun die allgemein gebräuchliche Gleichung zur Bestimmung des zurückgelegten Weges für den Fall einer nicht beschleunigten geradlinigen Bewegung:

$$x(t) = v_x \cdot t + x_0 \tag{2.4}$$

Der Summand x_0 beschreibt einen bereits zurückgelegten Weg zum Zeitpunkt $t = 0$.

! **Beispiel.** Nehmen wir an, ein Student schlendert von seiner Wohnung (z. B. Wohnheim) zum Mittagessen in die Mensa. Von dort aus muss er dann zum Hörsaal rennen (v_{Student}), um pünktlich zur Physikvorlesung zu sein. Die Zeit, die er zum Rennen benötigt, sei $t_{\text{Mensa-Hörsaal}}$. Sein Gesamtweg berechnet sich entsprechend aus dem Wegabschnitt, den er von seiner Wohnung zur Mensa zurückgelegt hat **plus** den gerannten Weg zum Hörsaal:

$$x_{\text{gesamt}} = x_{\text{Wohnheim-Mensa}} + v_{\text{Student}} \cdot t_{\text{Mensa-Hörsaal}}$$

Selbstverständlich ist dieses Beispiel aufgrund verschiedener Aspekte nicht ganz genau. So kann zum Beispiel nicht unbedingt davon ausgegangen werden, dass der Student tatsächlich zu jeder Zeit eine konstante Geschwindigkeit besitzt. Je nach Kondition kann es zum Beispiel sein, dass ihm das Rennen mit zunehmendem Weg schwerer fällt und er dadurch **langsamer** wird. Andersherum kann ein weiterer Blick auf die Uhr auch für einen **schnelleren** Gang sorgen. Um diese Effekte zu berücksichtigen, wird deshalb im kommenden Verlauf die **Beschleunigung** eingeführt.

2.3 Beschleunigung

Beschleunigung

Die **Beschleunigung** a ist eine physikalische Größe, die die zeitliche Änderung der Geschwindigkeit beschreibt.

$$[a] = 1\,\mathrm{m\,s}^{-2}$$

Analog zur Geschwindigkeit kann die Beschleunigung als **zweiter Differentialquotient der Ortskoordinate nach der Zeit** beschrieben werden:

$$a_x = \frac{dv_x}{dt} = \frac{d}{dt}\left(\frac{dx}{dt}\right) = \frac{d^2x}{dt^2} = \ddot{x} \tag{2.5}$$

Falls a_x eine konstante Größe ist, handelt es sich um eine **gleichmäßig beschleunigte Bewegung**. Wie auch im Fall der geradlinig gleichförmigen Bewegung existiert für diese Bewegungsform eine Ort-Zeit-Funktion. Zudem ist es hier sinnvoll, die Geschwindigkeit-Zeit-Funktion zu betrachten, um die Geschwindigkeit des Objekts (beispielsweise des Studenten) zu einem bestimmten Zeitpunkt t ermitteln zu können. Beide Funktionen können durch Integration der Beschleunigung a_x bestimmt werden:

$$\dot{x} = \int \ddot{x}dt = \int a_x dt = a_x \cdot t + C$$

$$v_x(t) = a_x \cdot t + v_{x_0} \tag{2.6}$$

$$x = \int \dot{x}dt = \int a_x t\, dt + \int v_{x_0} dt = a_x \cdot \frac{t^2}{2} + v_{x_0} \cdot t + C$$

$$x(t) = a_x \cdot \frac{t^2}{2} + v_{x_0} \cdot t + x_0 \tag{2.7}$$

Selbstverständlich ist es bei gegebener Ort-Zeit-Funktion möglich, die Geschwindigkeit-Zeit-Funktion über Differentiation nach der Zeit zu ermitteln. Gleichzeitig verkürzt sich die Ort-Zeit-Funktion auf $x = \frac{a}{2}t^2$, sobald $v_{x_0} = 0$ und $x_0 = 0$ gilt.

Beispiel. Für unseren Studenten, der auf dem Weg zum Hörsaal ist, kann das kommende Gleichungssystem zur Bestimmung des Wegs der gleichmäßig beschleunigten Bewegung verwendet werden. Nehmen wir an, dass der Student nach dem Weg zwischen Wohnheim und Mensa ab der Mensa ($t = 0$, $v_{x_0} = 0$) in Eile gerät und zur Vorlesung (annähernd) gleichmäßig beschleunigt:

$$v_{\text{Mensa-Hörsaal}} = a \cdot t \tag{I}$$

$$t = \frac{v_{\text{Mensa-Hörsaal}}}{a} \tag{I*}$$

$$x_{\text{Mensa-Hörsaal}} = \frac{a}{2} \cdot t^2 \tag{II}$$

Die Umstellung von Gleichung (I) ist ein optionaler Lösungsschritt. Er wird erst dann notwendig, wenn keine Zeit gegeben ist. Der Gesamtweg des Studenten vom Wohnheim zum Hörsaal kann jetzt wie folgt berechnet werden:

$$x_{\text{gesamt}} = x_{\text{Wohnheim-Mensa}} + x_{\text{Mensa-Hörsaal}}$$

$$x_{\text{gesamt}} = x_{\text{Wohnheim-Mensa}} + \frac{a}{2} \cdot t^2$$

Allgemeiner Zusatz: Durch Ineinander-Einsetzen von Ort-Zeit-Funktion und Geschwindigkeit-Zeit-Funktion kann die Variable Zeit eliminiert werden.

Für den hier diskutierten Spezialfall einer gleichförmig beschleunigten Bewegung folgt:

$$x = \frac{v_x^2}{2a_x} \quad \Rightarrow \quad v_x = \sqrt{2a_x \cdot x} \tag{2.8}$$

(alle drei eingeführten Größen außer der Zeit).

2.4 Spezialfall: Die lineare harmonische Schwingung

Harmonische Schwingung

Die **harmonische Schwingung** ist eine spezielle Form der gleichförmigen Bewegung, die durch eine Sinus- bzw. Cosinusfunktion dargestellt werden kann.

Die harmonische Schwingung wird durch ihre **Elongation** x, die **Schwingungsdauer** T, die **maximale Elongation (Amplitude)** x_m und den **Nullphasenwinkel** α_0 beschrieben. Diese Kenngrößen können auch in Abbildung 2.2 gesehen werden.

Eine dimensionslose Angabe des Nullphasenwinkels bedeutet, dass die Größe im Bogenmaß verwendet wird. (Entsprechend muss der Taschenrechner in diesem Fall auf RAD umgestellt werden.) Eine Umrechnung von Bogen- und Winkelmaß kann unter Verwendung von π und 180° durchgeführt werden:

$$\text{Bogenmaß} = \frac{\text{Winkelmaß} \cdot \pi}{180°}$$

Anstelle der Schwingungsdauer wird häufig die **Frequenz** f mit der Einheit Hertz $[f] = 1\,\text{Hz} = 1/\text{s}$ angegeben. Sie ergibt sich aus dem Reziproken der Schwingungsdau-

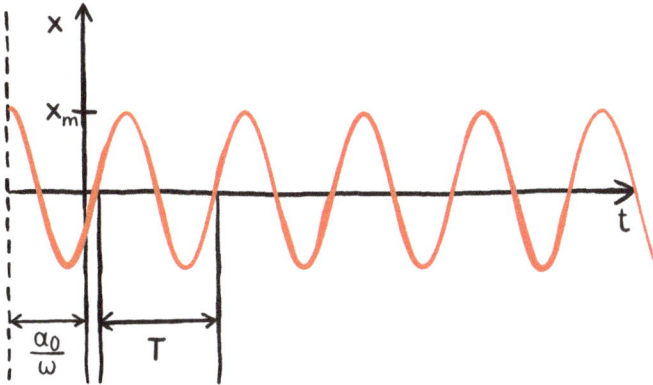

Abb. 2.2: Darstellung einer harmonischen Schwingung.

er T. Durch Verwendung der Schwingungsdauer bzw. der Frequenz kann die **Kreisfrequenz** ω der harmonischen Schwingung bestimmt werden, siehe Formel (2.9).

$$\omega = \frac{2\pi}{T} = 2\pi f \qquad (2.9)$$

Ebenso wie die bereits erläuterten Bewegungsformen besitzt auch die harmonische Schwingung eine Ort-Zeit-Funktion, welche mit Hilfe der Differentiation nach der Zeit die Geschwindigkeit- und Beschleunigung-Zeit-Funktion liefert:

- Differentiation der Ort-Zeit-Funktion $x(t)$, als Ausgangspunkt für eine harmonische Schwingung wird hier beispielhaft die Cosinusfunktion verwendet (Sinus- und Exponentialfunktion e^x wären ebenso möglich):

$$x(t) = x_m \cdot \cos(\omega t + \alpha_0) \qquad (2.10)$$

- Geschwindigkeit-Zeit-Funktion der harmonischen Schwingung:

$$\dot{x}(t) = -\omega \cdot x_m \cdot \sin(\omega t + \alpha_0) \qquad (2.11)$$

- Beschleunigung-Zeit-Funktion der harmonischen Schwingung:

$$\ddot{x}(t) = -\omega^2 \cdot x_m \cdot \cos(\omega t + \alpha_0) \qquad (2.12)$$

Wie aus den Formeln (2.10) und (2.12) hervorgeht, ändert sich der Exponent der Kreisfrequenz bei Differentiation der Ort-Zeit-Funktion. Der Faktor $\cos(\omega t + \alpha_0)$ bleibt unverändert. Dieser Umstand führt zur Definition der Schwingungsgleichung für die harmonische Schwingung:

$$\ddot{x} + \omega^2 x = 0 \qquad (2.13)$$

Ein Massepunkt führt dann eine lineare harmonische Schwingung aus, wenn dessen Elongation und Beschleunigung in einem Verhältnis gemäß der Schwingungsgleichung stehen.

2.5 Bewegung in der Ebene

Geschwindigkeiten als vektorielle Größen

Geschwindigkeiten sind **Vektoren**. Sie besitzen demnach sowohl einen Betrag als auch eine Richtung. Sie stören einander nicht und können nach dem Parallelogrammsatz gemäß des **Superpositionsprinzips** zusammengefügt werden.

Zur ausschließlichen Kennzeichnung der Richtung eines Vektors wird häufig auch der sogenannte **Einheitsvektor** $\vec{e}$ mit Betrag $|\vec{e}| = 1$ genutzt, z. B. der Einheitsvektor entlang der x-Achse $\vec{e}_x$ oder der radiale Einheitsvektor $\vec{e}_r$ vom Ursprung eines Koordinatensystems zu einem Punkt $\vec{r}$ im Raum.

Die resultierende Geschwindigkeit zweier Teilgeschwindigkeiten ergibt sich entsprechend über **Vektoraddition**.

! Beispiel. Ein Schwimmer will einen Fluss durchqueren. Da der Fluss eine Strömungsgeschwindigkeit besitzt, wird die ursprüngliche Bewegungsrichtung des Schwimmers verändert. Auch wenn dieser gegen den seitlichen Einfluss der Strömung kämpft, durchquert er den Fluss nicht mehr gerade sondern schräg. Der Parallelogrammsatz verdeutlicht diesen Umstand, siehe Abbildung 2.3 auf dieser Seite.

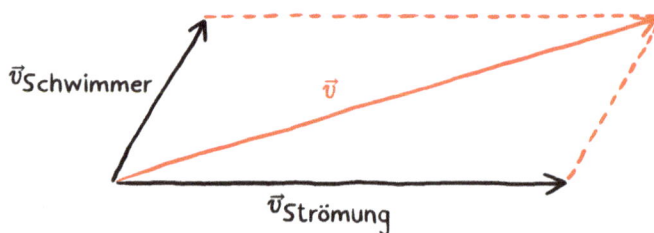

Abb. 2.3: Der Parallelogrammsatz am Beispiel einer Flussdurchquerung.

Was für den linearen Bewegungszustand relativ leicht zu erklären ist, bedarf im Fall einer krummlinigen Bahnkurve weiterer Erläuterung:

– Wenn die Bahnlänge s als Funktion der Zeit t bekannt ist, kann der Betrag der Geschwindigkeit einer Bewegung mit krummliniger Bahnkurve berechnet werden (z. B. Verwendung eines Fahrtenschreibers im Auto). Der Betrag der Geschwindigkeit ergibt sich bei der krummlinigen Bewegung aus dem Differentialquotienten der Bahnlänge nach der Zeit:

$$|\vec{v}| = \lim_{\Delta t \to 0} \frac{\Delta s}{\Delta t} = \frac{ds}{dt} = \dot{s} \tag{2.14}$$

– Bei vektoriellen Ortsinformationen kann der zugehörige Geschwindigkeitsvektor in gleicher Weise bestimmt werden:

$$\vec{v} = \lim_{\Delta t \to 0} \frac{\Delta \vec{s}}{\Delta t} = \frac{d\vec{s}}{dt} = \dot{\vec{s}} \tag{2.15}$$

2.6 Spezialfälle krummliniger Bewegungen

2.6.1 Schräger Wurf

Schräger Wurf
Beim **schrägen Wurf** handelt es sich um eine Spezialform der krummlinigen Bewegung, deren Vektorsumme sowohl aus einem gleichförmigen als auch ungleichförmigen Bewegungsanteil besteht.

Der schräge Wurf kann bei Vorgängen wie dem Abfeuern eines Katapults oder dem Weitwurf beobachtet werden. Der ungleichförmige vertikale Anteil der Bewegung wird durch die **Erdbeschleunigung** g geprägt. Diese wirkt der eigentlichen Wurfrichtung entgegen. $y(t)$ ist damit ein Weg gemäß der gleichmäßig beschleunigten Bewegung ($a = $ const.). Unter der Annahme, dass die horizontale Bewegungskomponente während des schrägen Wurfs nicht beeinflusst wird („Windstille"), handelt es sich bei $x(t)$ um einen Weg der gleichförmig geradlinigen Bewegung ($a = 0$).

Beim Umgang mit dem schrägen Wurf sind verschiedene Aufgabenstellungen denkbar, welche an dieser Stelle erläutert werden:

1. **Bestimmung der Bahnkurve**
   Zunächst sollte die Bahnkurve des Wurfes mit Hilfe der in der Aufgabenstellung gegebenen Werte ermittelt werden. Allgemein wird von einem schrägen Wurf ausgegangen, welcher auf einer Ausgangshöhe von $y_0 = 0$ beginnt. Sollte in der Aufgabenstellung eine genaue Angabe zur Ausgangshöhe gemacht werden, muss diese selbstverständlich berücksichtigt werden. Der Wert y_0 ist deshalb in diesem Beispiel ausgeklammert.
   Es ergibt sich damit für $x(t)$ und $y(t)$:

$$x(t) = v_{0x} \cdot t = v_0 \cos \alpha \cdot t \tag{I}$$

$$y(t) = v_{0y} \cdot t - \frac{g}{2} \cdot t^2 + (y_0) = v_0 \sin \alpha \cdot t - \frac{g}{2} \cdot t^2 + (y_0) \tag{II}$$

Um nun die Bahnkurve des schrägen Wurfs (Abb. 2.4) zu ermitteln, wird Gleichung (I) nach t umgestellt [(I*)] und in Gleichung (II) eingesetzt. Das Ergebnis ist die **Bahnkurve (III)**.

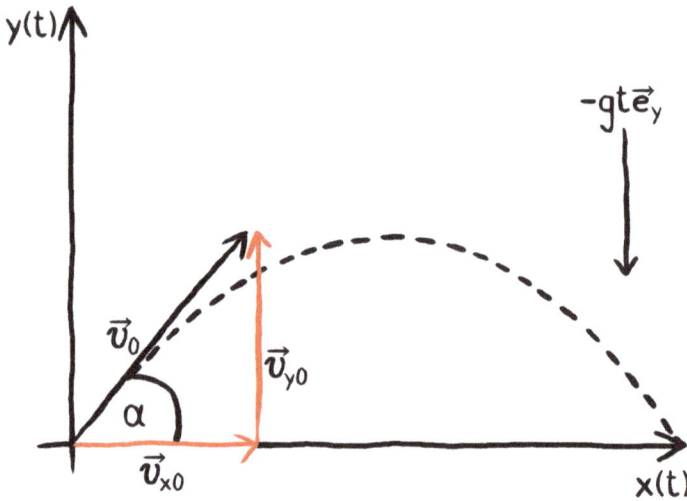

Skizze eines schrägen Wurfs mit Geschwindigkeitskomponenten in x- und y-Richtung.

$$t = \frac{x}{v_0 \cdot \cos \alpha} \tag{I*}$$

$$y(x) = \frac{\sin \alpha \cdot x}{\cos \alpha} - \frac{g}{2} \frac{x^2}{v_0^2 \cdot \cos^2 \alpha} + (y_0)$$

$$y(x) = x \tan \alpha - \frac{g x^2}{2 v_0^2 \cos^2 \alpha} + (y_0) \tag{III}$$

2. **Bestimmung des Scheitelpunktes** $(x_{\text{Scheitel}}, y_{\text{Scheitel}})$
   Manche Aufgabenstellungen verlangen nach der Berechnung des **höchsten Punktes** des schrägen Wurfs. Man nennt diesen auch **Scheitelpunkt der Bahnkurve**. Dieser kann dadurch bestimmt werden, dass die Geschwindigkeit in y-Richtung in diesem Punkt genau Null ist. Der Grund dafür ist, dass der Scheitelpunkt auch gleichzeitig der Umkehrpunkt der Bewegung in y-Richtung darstellt. Bis zum Scheitelpunkt fliegt der geworfene Körper nach oben, wobei er immer langsamer wird, bis er nach dem Scheitelpunkt nach unten fällt. Für Geschwindigkeit v_y im Scheitelpunkt gilt demnach:

$$v_{y,\text{Scheitel}} = v_{0y} - g \cdot t = v_0 \sin \alpha - g \cdot t = 0 \tag{IV}$$

$$t = \frac{v_0 \sin \alpha}{g} \tag{IV*}$$

Gleichung (IV) wird nun nach t umgestellt, um die Steigzeit zu ermitteln. Diese kann dann in Gleichung (II) und (I) eingesetzt werden, um die genauen Koordinaten des höchsten Punkts der Bahnkurve zu erhalten:

$$x_{\text{Scheitel}} = \frac{v_0^2 \sin 2\alpha}{2g} \qquad \left(\cos\alpha \cdot \sin\alpha = \frac{\sin 2\alpha}{2}\right) \qquad \text{(V)}$$

$$y_{\text{Scheitel}} = \frac{v_0^2 \sin^2\alpha}{2g} \qquad \text{(VI)}$$

Bei einer gegebenen Wurfgeschwindigkeit v_0 würde die **Wurfhöhe maximal** werden, sobald $\sin\alpha$ sein Maximum erreicht. Das ist für $\sin\alpha = 1$ und entsprechend $\alpha = 90°$ der Fall (senkrechter Wurf).

3. **Bestimmung der Wurfweite x_{Ende}**

   Die Bestimmung der Wurfweite ist der Klassiker unter den Wurfaufgaben. Um diese berechnen zu können, muss zunächst klar sein, dass der Endpunkt des Wurfs immer $P_{\text{Ende}} = (x_P, 0)$ darstellt. Man kann damit die Zeit t bestimmen, die bis zum Ende des Wurfs vergeht (Achtung, ist ein Wert für y_0 gegeben, muss die pq-Formel zur Lösung der quadratischen Gleichung verwendet werden):

$$y(t) = v_0 \sin\alpha \cdot t - \frac{g}{2} \cdot t^2 = 0 \qquad \text{(II*)}$$

$$t = \frac{2v_0 \sin\alpha}{g} \qquad \text{(VII)}$$

Gleichung (VII) wird nun in Gleichung (I) eingesetzt, um die Wurfweite x_{Ende} zu erhalten:

$$x_{\text{Ende}} = \frac{2v_0^2 \sin\alpha\cos\alpha}{g} = \frac{v_0^2 \sin 2\alpha}{g} \qquad \text{(VIII)}$$

Die **maximale Wurfweite** wird dann erreicht, wenn $\sin 2\alpha$ maximal wird. Das ist für $\alpha = 45°$ der Fall.

2.6.2 Kreisbewegung

Kreisbewegung

Bei der **Kreisbewegung** handelt es sich um eine Bewegung auf einer Kreisbahn. Man unterscheidet in gleichförmige und ungleichförmige Kreisbewegungen.

Die **gleichförmige Kreisbewegung** bildet die Grundlage der meisten Bewegungen, deren Bahnkurve eine Kreisbahn darstellt. Sie zeichnet sich dadurch aus, dass ihre **Bahngeschwindigkeit konstant im Betrag** $|\vec{v}_s| = v_s = \text{const.}$ ist. Sie besitzt demnach keine Bahnbeschleunigung a_s. Wieso handelt es sich dennoch um eine gleichmäßig beschleunigte Bewegung, wenn diese keine Bahnbeschleunigung besitzt?

Die Kreisbewegung erfüllt ein Kriterium der beschleunigten Bewegung: die ständige Änderung des Vektorrichtungssinns (Abb. 2.5). Aus diesem Grund wird sie auch bei gleichbleibender Kreisgeschwindigkeit als beschleunigte Bewegung bezeichnet. Die resultierende **Radialbeschleunigung** $\vec{a}_r$ der Kreisbewegung ist immer **zum Krümmungs-mittelpunkt** gerichtet und tritt auf allen krummlinigen Bahnen auf.

Im Gegensatz zur gleichförmigen Kreisbewegung ist die **Bahngeschwindigkeit der ungleichförmigen Kreisbewegung nicht konstant**. Der Betrag der **Bahnbeschleunigung** a_s ist demnach **ungleich Null**. Mit Hilfe des Satzes des Pythagoras kann die Gesamtbeschleunigung der ungleichförmigen Kreisbewegung berechnet werden (Abb. 2.6).

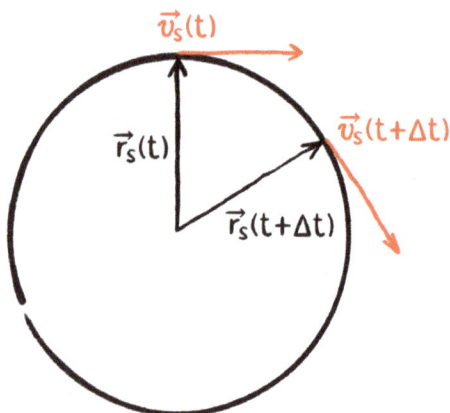

→ Änderung der Richtung des Geschwindigkeitsvektors im Zeitintervall Δt führt auf die **Radialbeschleunigung** $\vec{a}_r$ (Differenzvektor zum Zentrum der Kreisbahn gerichtet, vgl. Abbildung 2.6)

$$\vec{a}_r = \frac{\Delta \vec{v}_s}{\Delta t} \qquad (2.16)$$

Abb. 2.5: Vektorielle Diskussion der gleichförmigen Kreisbewegung.

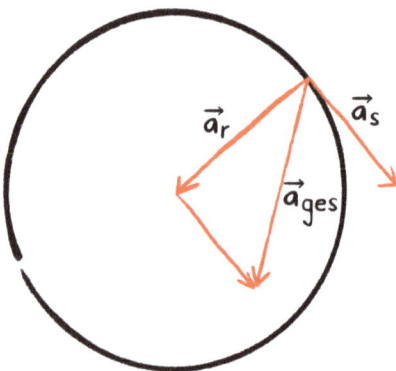

$$|\vec{a}_{\text{ges}}| = \sqrt{|\vec{a}_s|^2 + |\vec{a}_r|^2}$$

(Pythagoras)

Abb. 2.6: Vektorielle Diskussion der ungleichförmigen Kreisbewegung.

2.6.3 Koordinatentransformation – Polarkoordinaten

Im Rahmen einer **Koordinatentransformation** wird das betrachtete Bezugssystem hinsichtlich seiner Koordinaten transformiert. Dieser Vorgang kann zur Übersichtlichkeit und Vereinfachung der Rechenwege beitragen.

Transformation auf Polarkoordinaten

Im Fall der Transformation kartesischer Koordinaten in **Polarkoordinaten** (r, φ) mit orthogonalen Basisvektoren $\vec{e}_r$ (radial) und $\vec{e}_\varphi$ (mathematisch positiver Drehsinn) wird jedem Punkt in der Ebene sowohl ein **Abstand vom Ursprung** r als auch ein **Winkel** φ zugeordnet. Kreisförmige Zusammenhänge oder Symmetrien lassen sich damit leichter beschreiben.

Um für die Kreisbewegung zwei Koordinaten x und y des kartesischen Koordinatensystems in Polarkoordinaten zu transformieren, wird sowohl der konstante **Radius** r der Kreisbahn als auch der jeweilige **Winkel** φ (ausgehend von der x-Achse im mathematisch positiven Sinn, zur Angabe in Bogenmaß) benötigt. Die Koordinaten des Polarkoordinatensystems liegen entsprechend alle auf einem Kreis. Die genaue Projektion lautet (vgl. Abbildung 2.7):

$$x(t) = r \cdot \cos \varphi(t)$$

$$y(t) = r \cdot \sin \varphi(t) \tag{2.17}$$

Beispiel. Um zum Verständnis der Polarkoordinaten beitragen zu können, werden diese im folgenden am Beispiel eines sogenannten **Einheitskreises** erläutert. Der Einheitskreis ist ein Kreis, der einen Radius von genau einer Längeneinheit (bspw. 1 cm) besitzt, siehe Abbildung 2.7 auf dieser Seite.

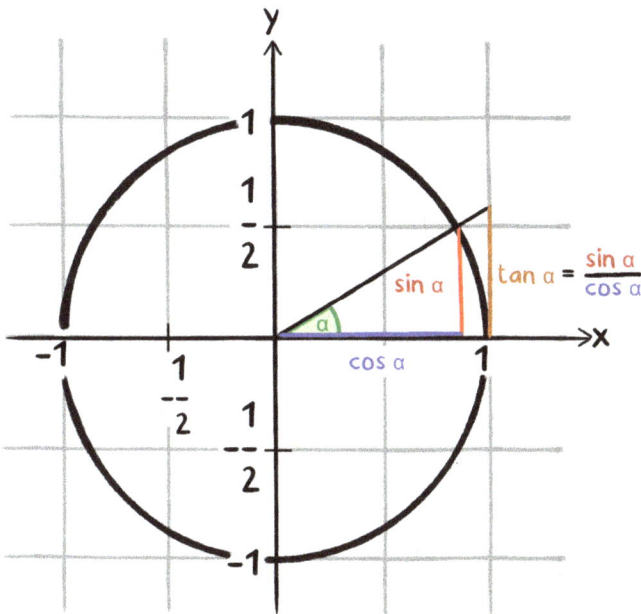

Abb. 2.7: Einheitskreis mit dem Beispielwinkel $\alpha = 30°$.

Der in Abbildung 2.7 dargestellte Winkel α ist 30° groß. Wie bereits beschrieben, ist die x-Koordinate des kartesischen Systems über die Cosinusfunktion mit dem Polarkoordinatensystem verbunden. Gehen wir nun vom Einheitskreis ($r = 1$) aus, so können wir die x-Koordinate des kartesischen Systems leicht in eine Polarkoordinate umwandeln: Sie hat den Wert $\cos \alpha$ (gerundet für 30°: 0,866). Der dazugehörige y-Wert beträgt für den Einheitskreis $\sin \alpha$. Für ein α von 30° erhält man so einen y-Wert von 0,5.

Wendet man diese Information nun auf den Einheitskreis an, kann jeder beliebige Punkt des Kreises durch die Polarkoordinaten beschrieben werden, solange dieser auf dem Radius $r = 1$ liegt. Mit Hilfe von Abbildung 2.7 fällt außerdem das Einprägen wichtiger Sinus- und Cosinuswerte leicht. Für einen Winkel von 0° ergibt sich für den Cosinus und den Sinus ein Wert von 1 bzw. 0. Im Fall von $\alpha = 90°$ ist hingegen der Sinuswert mit 1 maximal, wohingegen der Cosinuswert sein Minimum erreicht.

Wie kann aber der Tangens auf den Einheitskreis angewendet werden? Der Tangens stellt innerhalb des Einheitskreises die Länge der Strecke dar, welche sich aufgrund des Kreisradius als Gegenkathete des verwendeten Winkels α ergibt. Wie in Abbildung 2.7 zu sehen ist, liegt diese Gegenkathete außerhalb des Kreises. Um an einem gezeichneten Kreis messen zu können, muss die Hypotenuse entsprechend Abbildung 2.7 bis zum Schnittpunkt verlängert werden.

Eine weitere Darstellung der Polarkoordinaten ist in Abbildung 2.8 auf dieser Seite zu sehen. Neben dem Einheitskreis sind in dieser auch andere Kreisradien dargestellt.

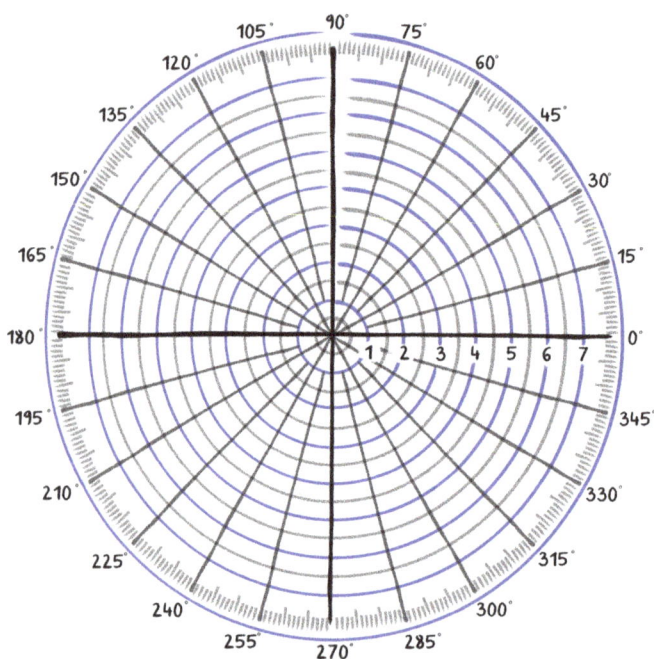

Abb. 2.8: Darstellung der Polarkoordinaten mit unterschiedlichen Kreisradien.

Es wird verdeutlicht, dass jeder Zusammenhang der Polarkoordinaten über den Einheitskreis hergeleitet werden kann. Andere Kreisradien erzeugen lediglich eine andere Dimensionierung der Koordinaten. Der ursprüngliche Zusammenhang zwischen Sinus, Cosinus und Tangens bleibt jedoch unverändert.

Die Frage ist nun, wie die Transformation der kartesischen Koordinaten in das System der Polarkoordinaten sinnvoll genutzt werden kann: Die Koordinatentransformation verhilft im Fall physikalischer Betrachtungen zu den Begriffen der **Winkelgeschwindigkeit** ω und **Winkelbeschleunigung** α, die üblicherweise anstelle der Bahngeschwindigkeit und Bahnbeschleunigung verwendet werden, um die Kreisbewegung zu beschreiben:

$$v_s = \frac{ds}{dt} = r \cdot \frac{d\varphi}{dt} = r \cdot \dot{\varphi}$$

$$v_s = r \cdot \omega \tag{2.18}$$

$$a_s = \frac{dv_s}{dt} = \dot{v}_s$$

$$a_s = r \cdot \alpha \tag{2.19}$$

Mit Hilfe der Formel (2.16) entsprechend Abbildung 2.5 kann auch die **Radialbeschleunigung** $\vec{a}_r$ mathematisch beschrieben werden. Nun wird nicht der Betrag der Bahngeschwindigkeit nach der Zeit abgeleitet, sondern deren Richtung ändert sich um den Winkel $d\varphi$, bei konstantem Betrag v_s:

$$d\varphi = \frac{|d\vec{v}_s|}{|\vec{v}_s|}$$

$$\dot{\varphi} = \frac{|d\vec{v}_s|}{dt} \cdot \frac{1}{v_s} \overset{(2.16)}{=} |\vec{a}_r| \cdot \frac{1}{v_s}$$

Der Betrag der Radialbeschleunigung ergibt sich mit $\dot{\varphi} = \omega$ und Formel (2.18) somit zu:

$$|\vec{a}_r| = \omega \cdot v_s \tag{2.20}$$

$$a_r = \omega^2 \cdot r \tag{2.21}$$

Allgemein stellt die Koordinatentransformation ein immer wiederkehrendes Phänomen innerhalb der Natur- und Ingenieurwissenschaften dar und sollte deshalb so früh wie möglich verinnerlicht werden.

Kapitelzusammenfassung

!

Bewegung auf einer Geraden

Geschwindigkeit

$$v_x = \frac{dx}{dt} = \dot{x}$$

Beschleunigung

$$a_x = \frac{dv_x}{dt} = \dot{v}_x = \ddot{x}$$

Spezielle Ort-Zeit-Funktionen:

Gleichmäßig beschleunigte Bewegung ($a_x = $ const.) $\quad x = \frac{a_x}{2}t^2 + v_{x_0}t + x_0$

Harmonische Schwingung $\qquad x = x_m \cos(\omega t + a_0)$

Kreisfrequenz $\qquad \omega = \frac{2\pi}{T} = 2\pi f$

Bewegung in der Ebene

Kreisbewegung:

Kreisbogen $\qquad s = \varphi r$

Bahngeschwindigkeit $\qquad v = \dot{\varphi} r = \omega r$

Tangentialbeschleunigung $\qquad a_t = \ddot{\varphi} r = \alpha r$

Radialbeschleunigung $\qquad a_r = \omega^2 r = \frac{v^2}{r}$

3 Dynamik der Punktmasse

https://doi.org/10.1515/9783111030272-003

Die **Dynamik** ist ein Teilgebiet der Mechanik, welches Antwort auf die Frage nach den Ursachen von Bewegungen und deren Änderungen gibt.

3.1 Der Kraftbegriff

Kräfte

Eine **Kraft** F ist eine physikalische Größe, die sowohl für die Änderung eines Bewegungsablaufs (dynamische Wirkung) als auch für die Verformung eines Körpers (statische Wirkung) verantwortlich ist. Kräfte sind gleich, wenn sie gleiche Wirkungen erzielen. Jede Kraft ist weiterhin eine gerichtete Größe – sie ist ein Vektor.

$$[F] = 1\,\frac{\text{kg} \cdot \text{m}}{\text{s}^2} = 1\,\text{N} \qquad \text{(Newton)}$$

3.2 Newton'sche Axiome

Die drei **Newton'schen Axiome** (Axiom = Grundsatz) erläutern die Zusammenhänge eines dynamischen Vorgangs. Grundsätzlich werden das Trägheitsgesetz, die Bewegungsgleichung und das Wechselwirkungsgesetz unterschieden. Alle drei Axiome bilden das elementare Handwerkszeug für dynamische Betrachtungen.

3.2.1 Trägheitsgesetz

Laut dem **Trägheitsgesetz** verharrt jeder Körper im Zustand der Ruhe oder gleichförmig geradlinigen Bewegung, solange die Summe der angreifenden Kräfte Null ist oder keine Kraft auf ihn einwirkt – der Körper ist **träge**. Ändert ein Körper seinen Bewegungszustand, ist die Ursache dafür eine angreifende Kraft. Der Körper bewegt sich in diesem Fall beschleunigt. Es ist möglich, diesen Zusammenhang von Kraft und Beschleunigung experimentell zu ermitteln. Dabei stellt man fest, dass die **Masse** des Probekörpers einen **Einfluss auf dessen Trägheit ausübt**.

Masse

Die **Masse** m kennzeichnet die Eigenschaft eines Körpers, sich der Änderung des Bewegungszustands zu widersetzen. Ihre Größe ist damit ein Maß für die **Trägheit**.

$$[m] = 1\,\text{kg}$$

3.2.2 Bewegungsgleichung

Gemäß des zweiten Newton'schen Axioms sind Kraft und Beschleunigung einander proportional. Die Masse ist der Proportionalitätsfaktor. Es gilt das **Newton'sche Grund-**

gesetz, auch **Bewegungsgleichung** genannt:

$$\vec{F} = m \cdot \vec{a} \tag{3.1}$$

3.2.3 Wechselwirkungsgesetz

Das **Wechselwirkungsgesetz** postuliert, dass jede wirkende Kraft eine gleich große Gegenkraft besitzt. In diesem Fall wird auch vom Prinzip **„actio et reactio"** gesprochen.

3.3 Überprüfung der Newton'schen Axiome

Es gibt zahlreiche Möglichkeiten, die innerhalb der Newton'schen Axiome festgestellten Zusammenhänge beweisen zu können. Nach **Wägungsexperimenten** kann so beispielsweise überprüft werden, inwiefern die Eigenschaft der schweren Masse (wie schwer oder leicht ein Körper ist) jener der trägen Masse (wie sehr sich ein Körper einer Bewegungsänderung widersetzt) äquivalent ist. Der Ausgang dieses Experiments weist die Richtigkeit dieser Äquivalenz nach. Ähnliche Beobachtungen können bei der Verwendung von Federkraftmessern festgestellt werden, solange deren Federn innerhalb des elastischen Bereichs beansprucht werden.

Beispiel. *Atwood'sche Fallmaschine* !

$2M + m$ ... beschleunigte, träge Masse

m ... beschleunigende Masse

$$(2M + m) \cdot a = m \cdot g$$

$$a = \frac{mg}{2M + m}$$

$$z = \frac{1}{2} \frac{mg}{2M + m} \cdot t^2$$

Abb. 3.1: Versuchsaufbau nach Atwood (Atwood'sche Fallmaschine). Die kleine zusätzliche Masse *m* bedingt eine Beschleunigung des über das Seil verbundenen Gesamtsystems aus *m* und den großen Massen *M*.

Zur Überprüfung des Newton'schen Grundgesetzes kann der **Versuchsaufbau nach Atwood** hilfreich sein. Dieser wird Atwood'sche Fallmaschine genannt (Abbildung 3.1). Das Experiment zeigt eine gleichmäßig beschleunigte Bewegung. Ist $\vec{F}(t)$ allgemein bekannt, kann über das Newton'sche Grundgesetz die Beschleunigung $\vec{a}(t)$ berechnet werden. Zweimalige Integration über die Zeit t liefert die Ort-Zeit-Funktion $\vec{r}(t)$ bzw. $z(t)$.

Eine Anordnung von Massen auf den verschiedenen Seiten eines über eine Rolle geführten Seils, wie im Beispiel der Atwood'schen Fallmaschine, ist eine wichtige Anwendung zur Berechnung von Seilkräften. Um diese genau bestimmen zu können, müssen beide Seiten des Seils separat betrachtet werden (Tab. 3.1).

Mit Hilfe von a kann durch diese Beispielrechnung nachgewiesen werden, dass beide Seilkräfte betragsmäßig übereinstimmen, aber genau entgegen gesetzt gerichtet sind. Das dritte Newton'sche Axiom kann auf diese Weise bestätigt werden.

Das Newton'sche Grundgesetz schließt auch den Fall veränderlicher Massen ein (z. B. Raketenantrieb) und lautet in seiner allgemeinen Form:

$$\vec{F}(t) = \frac{d}{dt}\vec{p} = \frac{d}{dt}(m \cdot \vec{v}) \tag{3.2}$$

Impuls

Der **Impuls** p eines Körpers ist das Produkt aus Masse und Geschwindigkeit des Körpers.

$$[p] = 1\,\mathrm{kg}\,\frac{\mathrm{m}}{\mathrm{s}}$$

3.4 Spezielle Kräfte

Spezielle Kräfte ergeben sich aus den zwei Betrachtungsmöglichkeiten für die Diskussion des Verhaltens zweier Körper:
1. Betrachtung beider Körper als ein System
   Die Kräfte, welche zwischen den Körpern wirken, werden **innere** Kräfte genannt. Ihre Summe ist immer Null.
2. Betrachtung der einzelnen Körper
   Wird nur ein Körper betrachtet, dann wird die auf den Körper wirkende Kraft als **äußere** Kraft bezeichnet.

Wichtige spezielle Kräfte sind die eingeprägten Kräfte und die Zwangskräfte:
1. **Eingeprägte Kräfte**
   a) **Gewichtskraft**

$$\boxed{\vec{F}_G = -m \cdot g \cdot \vec{e}_z} \tag{3.3}$$

Tab. 3.1: Getrennte Betrachtung der Seilkräfte innerhalb der Atwood'schen Fallmaschine.

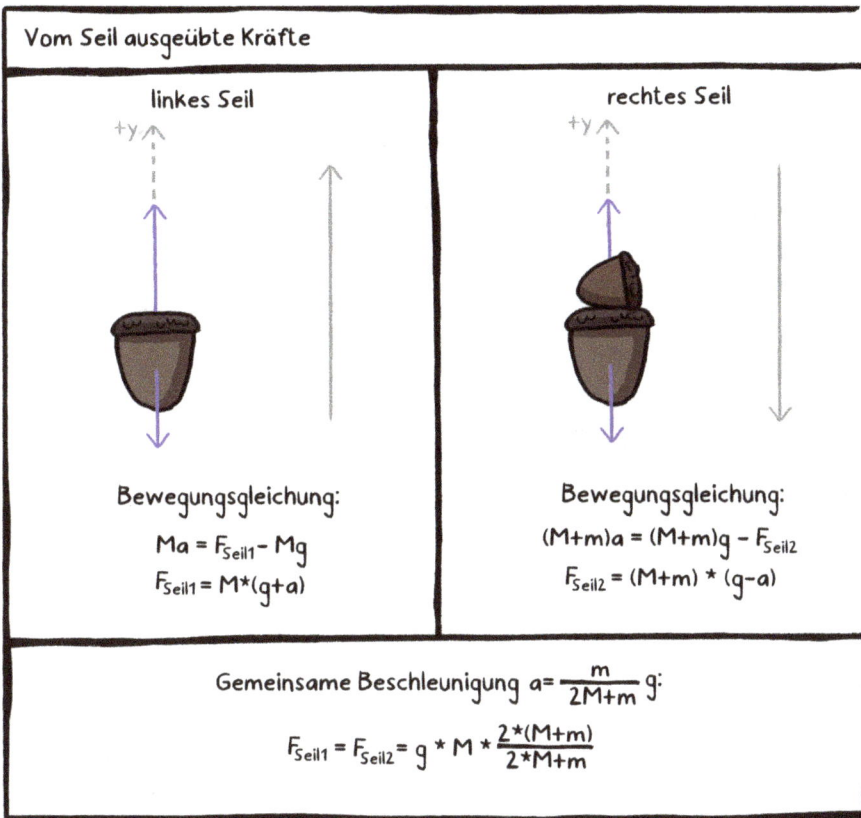

Vom Seil ausgeübte Kräfte

linkes Seil	rechtes Seil
$+y$	$+y$
Bewegungsgleichung:	Bewegungsgleichung:
$Ma = F_{Seil1} - Mg$	$(M+m)a = (M+m)g - F_{Seil2}$
$F_{Seil1} = M \cdot (g+a)$	$F_{Seil2} = (M+m) \cdot (g-a)$

Gemeinsame Beschleunigung $a = \dfrac{m}{2M+m} g$:

$$F_{Seil1} = F_{Seil2} = g \cdot M \cdot \frac{2 \cdot (M+m)}{2 \cdot M+m}$$

Die Gewichtskraft eines Körpers beruht auf seiner Eigenschaft, schwer zu sein. Sie ist stets **zum Erdmittelpunkt gerichtet**.

b) **Federkraft**

$$\vec{F}_k = -k \cdot x \cdot \vec{e}_x \tag{3.4}$$

Nach den dargestellten Zusammenhängen ist die **Dehnung proportional zur Kraft**. Das negative Vorzeichen drückt aus, dass die Federkraft mit Federkonstante k entgegengesetzt zur Richtung der Auslenkung wirkt.

c) **Gravitationskraft**

$$\vec{F}_g = -G \cdot \frac{m_1 \cdot m_2}{r^2} \vec{e}_r \tag{3.5}$$

Zwischen zwei **Massen** wirkt eine **anziehende Kraft**. Der Betrag dieser Kraft ist indirekt proportional zum Quadrat des Abstands r zwischen beiden Massen. Sie wirkt gemäß des Wechselwirkungsgesetzes symmetrisch auf beide Massen und ist radial entlang der Verbindungslinie von einer zur anderen Masse gerichtet. Der Proportionalitätsfaktor ist die Gravitationskonstante G.

d) **Reibungskraft**

Im Gebiet der Mechanik handelt es sich bei Reibungskräften $\vec{F}_R$ um **äußere Kräfte**. Wichtige Reibungskräfte sind beispielsweise die Haftreibung F_{HR}, die Gleitreibung F_{GR} und die Rollreibung F_{RR}, beschrieben mit den entsprechenden Koeffizienten μ_{HR}, μ_{GR} und μ_{RR}. Durch die Skizze (Abbildung 3.2) sollen Reibungszustände verdeutlicht werden. Entscheidend ist die senkrecht zur Unterlage gerichtete Normalkraft $\vec{F}_N$.

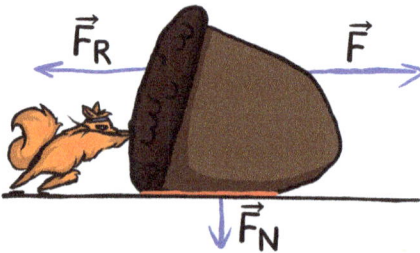

Abb. 3.2: Der Reibungszustand und seine wirkenden Kräfte.

Um einen Körper, der auf einer Unterlage ruht, bewegen zu können, muss zunächst die **Haftreibungskraft** überwunden werden. Diese verhindert durch ihre statische Wirkung eine Bewegung des Körpers, solange die am Körper angreifende Kraft nicht mindestens ihren Wert annimmt.
Ist die Haftreibungskraft

$$\boxed{F_{HR} \leq \mu_{HR} \cdot F_N} \tag{3.6}$$

überwunden, erfolgt die Bewegung gegenüber der Unterlage unter dem Einfluss einer **Gleitreibungskraft**

$$F_{GR} = \mu_{GR} \cdot F_N, \tag{3.7}$$

die ebenso entgegengesetzt zur Bewegungsrichtung wirkt.
Die **Rollreibungskraft** tritt mit

$$F_{RR} = \frac{\mu_{RR}}{r} \cdot F_N \tag{3.8}$$

entsprechend anstelle der Gleitreibungskraft bei runden Querschnitten (Radius r) auf und ist erheblich kleiner als die Gleitreibung. Alle drei Reibungsarten hängen stark von der Materialpaarung ab.

Wie kann man diese Zusammenhänge aber in einer Rechnung berücksichtigen? Prinzipiell muss zur korrekten Rechnung erst einmal festgestellt werden, um welchen Reibungszustand es sich handelt. Soll beispielsweise die aufzubringende Kraft berechnet werden, die man benötigt, um einen Schlitten zu ziehen, so müssen zwei Einzelkräfte bestimmt werden. Zum einen muss die Haftreibungskraft aufgebracht werden, die zwischen dem Schlitten und seinem Untergrund im Ruhezustand herrscht. Als zweites wird dann die Reibungskraft für den Gleitvorgang bestimmt, die in der Regel kleiner ist.

2. **Zwangskräfte**

Zwangskräfte $\vec{Z}$ erzwingen eine bestimmte Bahn. Sie sind stets **senkrecht zur gezwungenen Bahn** gerichtet. Zudem werden durch die Zwangskräfte Bewegungen verhindert, die im gleichen Maß senkrecht zur Bahn gerichtet sind, wie die Zwangskräfte selbst. Es gilt:

$$\vec{Z} + \vec{F}_N = 0 \tag{3.9}$$

Der Betrag der jeweiligen Zwangskraft entspricht der Normalkomponente $\vec{F}_N$ der am Körper angreifenden, resultierenden Kraft.

a) **Bewegung auf der geneigten Ebene**

Die Bewegung auf der geneigten Ebene mit Neigungswinkel α ist ein Fall für die Anwendung von Zwangskräften. Abbildung 3.3 stellt die Bewegung auf der geneigten Ebene inklusive der wirkenden Kräfte und deren Berechnung dar.

$$\sin \alpha = \frac{|\vec{F}_S|}{|\vec{F}_G|} \tag{3.10}$$

$$\cos \alpha = \frac{|\vec{F}_N|}{|\vec{F}_G|} \tag{3.11}$$

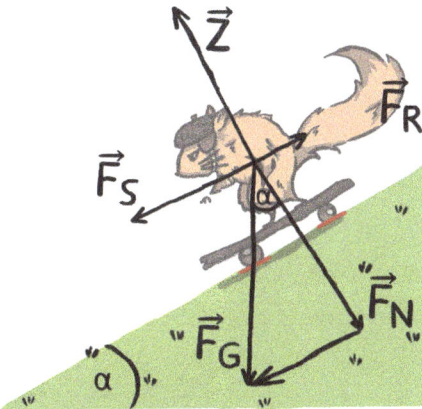

Abb. 3.3: Kräfte der geneigten Ebene mit Neigungswinkel α.

Normal- bzw. Zwangskraft:

$$|\vec{F}_N| = m \cdot g \cdot \cos \alpha \qquad (3.12)$$

Reibungskraft:

$$F_R = \mu \cdot |\vec{F}_N| = \mu \cdot m \cdot g \cdot \cos \alpha \qquad (3.13)$$

Bahnkomponente $\vec{F}_S$ der Gewichtskraft:

$$|\vec{F}_S| = F_G \cdot \sin \alpha = m \cdot g \cdot \sin \alpha \qquad (3.14)$$

Resultierende Kraft:

$$\boxed{F_{\text{res}} = m \cdot \ddot{s} = F_S - F_R = m \cdot g \cdot (\sin \alpha - \mu \cdot \cos \alpha)} \qquad (3.15)$$

b) **Fadenpendel**

Die Zwangskraft des Fadenpendels befindet sich orthogonal zur Kreisbahn der Pendelbewegung (Abb. 3.4). Diese kann als Ausschnitt einer Kreisbewegung beschrieben werden. Die Bewegung des Pendelkörpers ist deshalb auch radial beschleunigt.

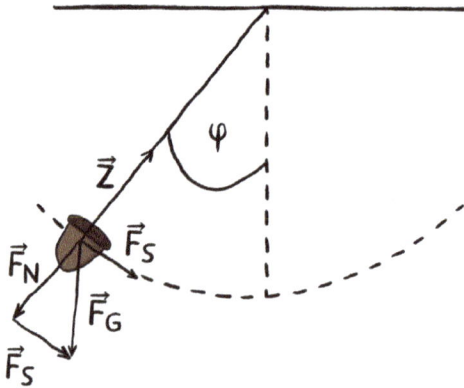

Abb. 3.4: Physikalische Zusammenhänge des Fadenpendels (Länge *l*).

Zwangskraft:

$$Z = m \cdot \frac{v^2}{l} + m \cdot g \cdot \cos \varphi \qquad (3.16)$$

Bewegung entlang der Bahn:

$$m \cdot \ddot{s} = \vec{F}_S = -m \cdot g \cdot \sin \varphi \qquad (3.17)$$

Koordinatendarstellung der Bewegung im Kreisbogen:

$$s = l \cdot \varphi \tag{3.18}$$

Resultierende **Differentialgleichung** (d. h. Gleichung einer Funktion und ihrer Ableitungen):

$$l \cdot \ddot{\varphi} + g \cdot \sin\varphi = 0 \tag{3.19}$$

bzw. für kleine Winkel $\sin\varphi \approx \varphi$ die Schwingungsgleichung:

$$\ddot{\varphi} + \frac{g}{l}\varphi = 0 \tag{3.20}$$

Entsprechend der Berechnung der Zwangskraft Z für die Bewegung des Fadenpendels ist der **Nulldurchgang** der Punkt, an dem die **Geschwindigkeit maximal** wird und der Faden besonders gefordert ist. Am **Umkehrpunkt** ist die **Zwangskraft** hingegen **minimal**.

3.5 Radialkraft

Radialkraft
Erfolgt eine Bewegung auf einer krummlinigen Bahn muss eine **Radialbeschleunigung** a_r wirken. Diese Beschleunigung muss durch eine Kraft verursacht werden, die **Radialkraft** F_r genannt wird.

Die Radialkraft ist definitionsgemäß weder der Gruppe der eingeprägten Kräfte, d. h. die für die Kraftgesetze existieren, noch jener der Zwangskräfte zuzuordnen. Sie kann für eine Kreisbewegung als Spezialfall einer krummlinigen Bewegung wie folgt angegeben werden (vgl. Abschnitt 2.6.3):

$$F_r = m \cdot \omega^2 \cdot r = \frac{m \cdot v^2}{r} \tag{3.21}$$

Zur weiteren Diskussion der Radialkraft werde eine rotierende Küvette beobachtet (Abbildung 3.5). Entsprechend der angezeichneten Kräfte kann die Tangente an einen Punkt der Kurve berechnet werden:

$$\tan\alpha = \frac{m \cdot \omega^2 \cdot r}{m \cdot g} \tag{3.22}$$

Die Küvettenoberfläche kann als $z(r)$ diskutiert werden. Der Anstieg dieser Kurve kann durch Ableitung nach r berechnet werden. Der Anstieg entspricht dem Anstieg der Tan-

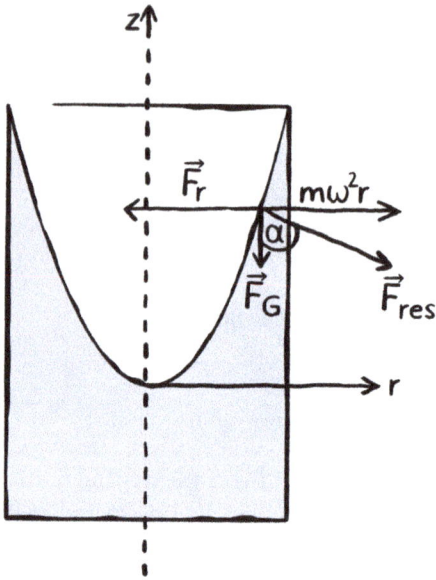

Abb. 3.5: Darstellung einer rotierenden Küvette. Die Flüssigkeit verteilt sich aufgrund der wirkenden Kräfte um, bis die resultierende Gesamtkraft $\vec{F}_{res}$ in jedem Punkt der Oberfläche senkrecht zu dieser gerichtet ist.

gente für einen bestimmten Punkt:

$$\frac{dz(r)}{dr} = \tan \alpha = \frac{\omega^2 \cdot r}{g} \tag{3.23}$$

Integration über r liefert die mathematische Zusammenfassung der kleinen Tangentenstücke.

$$z = \int \frac{\omega^2 \cdot r}{g} dr = \frac{\omega^2}{g} \cdot \int r dr$$
$$= \frac{1}{2} \cdot \frac{\omega^2 \cdot r^2}{g} \tag{3.24}$$

Die Bahnkurve der Küvettenflüssigkeit entspricht damit einer Parabel, deren Krümmung durch ω bestimmt wird.

Kapitelzusammenfassung

!

Bewegungsgleichung

Grundgesetz der Mechanik $\qquad$ $\vec{F} = m\vec{a}$ $\qquad\qquad$ $F_x = ma_x$

Impuls $\qquad\qquad\qquad$ $\vec{p} = m\vec{v}$ $\qquad\qquad$ $p_x = mv_x$

Kraftstoß $\qquad\qquad\qquad$ $\Delta\vec{p} = \int \vec{F}\,dt$ $\qquad$ $p_{x_2} - p_{x_1} = \int\limits_{t_1}^{t_2} F_x\,dt$

Äußere Reibung

Haftreibung $\qquad\qquad$ $F_{HR} \leq \mu_{HR} F_N$

Gleitreibung $\qquad\qquad$ $F_{GR} = \mu_{GR} F_N$

Rollreibung $\qquad\qquad$ $F_{RR} = \dfrac{\mu_{RR}}{r} F_N$

4 Arbeit, Energie und Leistung

https://doi.org/10.1515/9783111030272-004

4.1 Arbeit und Leistung

Arbeit

Die von einer Kraft geleistete **Arbeit** W ist gegeben durch das Produkt der Komponente F_S der Kraft in Wegrichtung und der zurückgelegten Wegstrecke s.

$$W = \vec{F} \cdot \vec{s} = F_S \cdot s \tag{4.2}$$

$$[W] = 1\,\mathrm{N\,m} = 1\,\mathrm{J} \qquad \text{(Joule)}$$

Die Arbeit, welche im Fall einer geradlinigen Bewegung verrichtet wird, kann gemäß Formel (4.3) geschrieben werden (vgl. Abbildung 4.5):

$$W = |\vec{F}| \cdot |\vec{s}| \cdot \cos\alpha \tag{4.3}$$

Gemäß dieser Formel würde im Fall eines senkrechten Krafteinwirkens die verrichtete Arbeit einen Wert von Null annehmen. Entsprechend sind **eingeprägte Kräfte** die einzigen Kräfte, die in der Lage sind, Arbeit zu verrichten. Da **sowohl Zwangs- als auch Radialkräfte** senkrecht auf die Bewegung einwirken, können diese **keine Arbeit** verrichten.

Da es sich bei den meisten realen Bewegungen selten um reine geradlinige Bahnformen handelt, kann auch diese Formel weiter verallgemeinert werden. Die Arbeit kann dabei als Fläche beschrieben werden, welche unter einer Kurve im Kraft-Weg-Diagramm entsteht (Abb. 4.1). Sobald eine derartige mathematische Visualisierung einer physikalischen Größe möglich ist, werden Integrale verwendet.

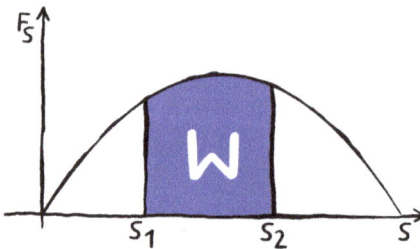

Abb. 4.1: Skizze eines Arbeitsintegrals.

Die Arbeit kann entsprechend als Linienintegral zwischen zwei Wegzuständen s_1 und s_2 dargestellt werden:

$$W = \int_{s_1}^{s_2} \vec{F}\,d\vec{s} \tag{4.4}$$

Genauere Betrachtung von Formel (4.4) führt zu dem Schluss, dass Arbeit sowohl **negative als auch positive Werte** annehmen kann. Das Vorzeichen wird durch die Kraft bestimmt. Arbeit kann zudem abhängig als auch unabhängig vom spezifisch gewählten Weg sein. Falls sie wegunabhängig ist, spricht man von einer **Potentialkraft** und kann eine potentielle Energie einführen (vgl. Abschnitt 4.3).

Leistung

Die **Leistung** P ist eine physikalische Größe, welche den Quotient aus Arbeit und Zeit bildet.

$$[P] = 1\,\mathrm{J\,s^{-1}} = 1\,\mathrm{W} \qquad \text{(Watt)}$$

Allgemein können die **Momentan-** und die **Durchschnittsleistung** unterschieden werden (Tab. 4.1).

Tab. 4.1: Vergleich von Durchschnitts- und Momentanleistung.

Durchschnittsleistung	Momentanleistung
Merkmal: $P = \dfrac{W}{t}$	Merkmal: $P = \dfrac{dW}{dt} = \vec{F} \cdot \vec{v}$
– Arbeit pro Zeiteinheit (Zeitspanne)	– Momentanleistung zu bestimmter Zeit

Im folgenden wird das Grundwissen über Arbeit und Leistung auf alltägliche Phänomene der Physik angewendet.

4.2 Verschiebungs- und Beschleunigungsarbeit

1. **Verschiebungsarbeit** W'

   Die meisten mechanischen Vorgänge sind mit einer gewissen Reibung (Reibungskoeffizient μ) behaftet. Sobald wir beispielsweise versuchen, einen Gegenstand vor oder hinter uns herzuschieben, muss zunächst die **Haftreibungskraft** und anschließend die kleinere **Gleitreibungskraft** überwunden werden. Andernfalls rührt sich unser Gegenstand nicht. Entsprechend muss auch ein gewisser Betrag an Verschiebungsarbeit verrichtet werden, der sich aus der zu überwindenden Kraft des jeweiligen Reibungszustands ergibt. Es wird für W' ein Minuszeichen eingeführt, da **gegen** eine Kraft Arbeit verrichtet wird. Ausgehend von einer horizontalen Oberfläche, auf der unser zu verschiebender Gegenstand ruht, und der Annahme, dass die Verschiebung **ohne Beschleunigung** stattfindet, ergibt sich folgende Verschiebungsarbeit:

$$W' = -\int_{\vec{s}_1}^{\vec{s}_2} \vec{F}_R d\vec{s} \tag{4.5}$$

$$W' = -\int_{\vec{s}_1}^{\vec{s}_2} -F_R ds = \int_{\vec{s}_1}^{\vec{s}_2} \mu \cdot m \cdot g \cdot ds = \mu \cdot m \cdot g \cdot (s_2 - s_1) \tag{4.6}$$

Ein Ergebnis von $W' > 0$ bedeutet **Arbeitsaufwand** zum Verschieben des Gegenstands. Was sagt aber ein negatives Ergebnis aus?

Beispiel. Am besten lässt sich diese Frage anhand eines vertikalen Verschiebens oder auch Hochhebens oder Absenkens erklären. Angenommen derselbe Gegenstand soll im Schwerefeld der Erde von einer Höhe z_1 auf die größere Höhe z_2 angehoben und dann wieder von z_2 auf z_1 abgesenkt werden. Im Fall des Anhebens (Abb. 4.2) ergibt sich für die Verschiebungsarbeit W':

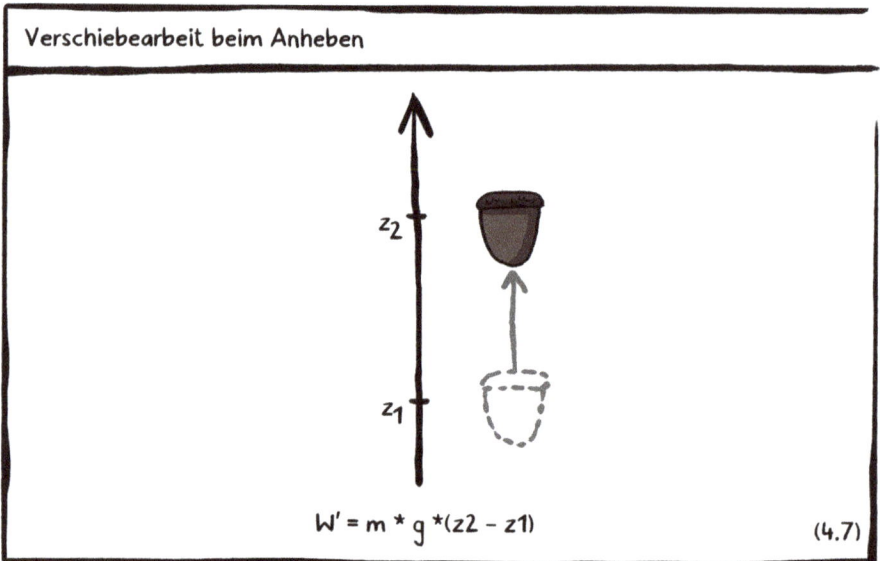

Verschiebearbeit beim Anheben

$$W' = m * g *(z2 - z1) \tag{4.7}$$

Abb. 4.2: Darstellung des Vorgangs des Anhebens mit Arbeitsaufwand $W' > 0$.

Und für den Fall, dass der hochgehobene Gegenstand von Höhe z_2 auf die Ausgangshöhe z_1 abgesenkt wird:

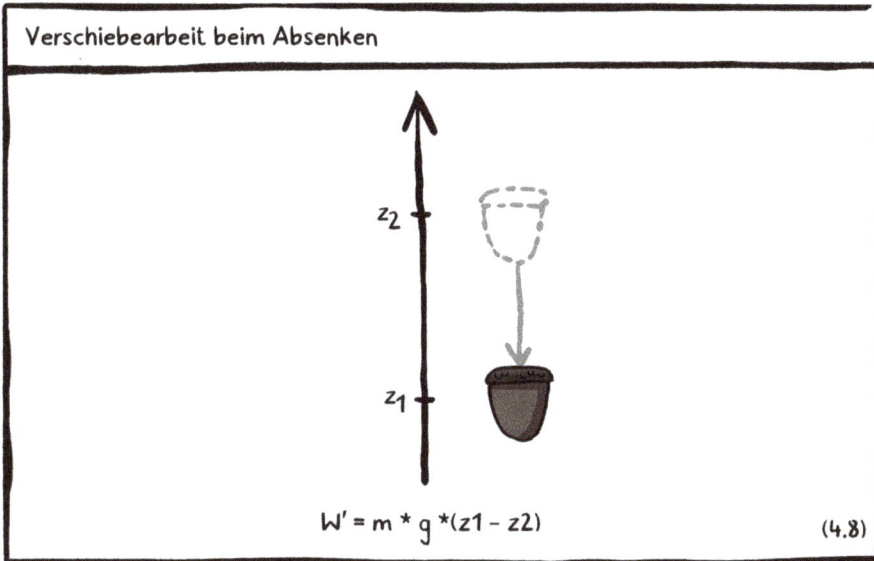

Verschiebearbeit beim Absenken

$$W' = m * g *(z1 - z2) \qquad (4.8)$$

Abb. 4.3: Darstellung des Vorgangs des Absenkens mit Verschiebungsarbeit $W' < 0$.

Da im Fall des Anhebens gilt $z_2 > z_1$ (Abb. 4.2), nimmt die Verschiebungsarbeit einen **positiven Wert** an. Dieser positive Wert deutet darauf hin, dass **Arbeit zum Ausführen** des Vorgangs **verrichtet** werden muss. Im Gegensatz dazu ist das Absenken mit einem **negativen Vorzeichen** versehen (Abb. 4.3). Das bedeutet: Der Gegenstand ist **in der Lage, Arbeit zu verrichten**. Ob er diese nun an einem Fuß, der unglücklicherweise im Weg steht, oder am Boden verrichtet, sei an dieser Stelle nicht berücksichtigt.

Beispiel. Die **Arbeit gegen eine Federkraft** stellt ein weiteres Beispiel der Verschiebungsarbeit dar. Sobald eine Feder gespannt wird, wirkt ihr innerer elastischer Widerstand diesem Vorgang entgegen (Abb. 4.4). Auch hier sind **zwei Endergebnisse** möglich: Die Verschiebungsarbeit kann sowohl positiv als auch negativ sein. Prinzipiell deutet ein positiver Wert auf Dehnung bzw. Stauchung der Feder hin. Ein negatives Ergebnis hingegen spricht für eine Entlastung der Feder.

2. **Beschleunigungsarbeit W**
Die Beschleunigungsarbeit ist im Gegensatz zur Verschiebungsarbeit auf Anwendungen bezogen, die eine **Veränderung der Geschwindigkeit** beinhalten. Entsprechend muss entweder die Richtung oder der Betrag des Geschwindigkeitsvek-

Verschiebungsarbeit beim horizontalen Verschieben

$$W' = \left[\frac{k}{2} * x^2\right]_{x_1}^{x_2}$$

(4.9)

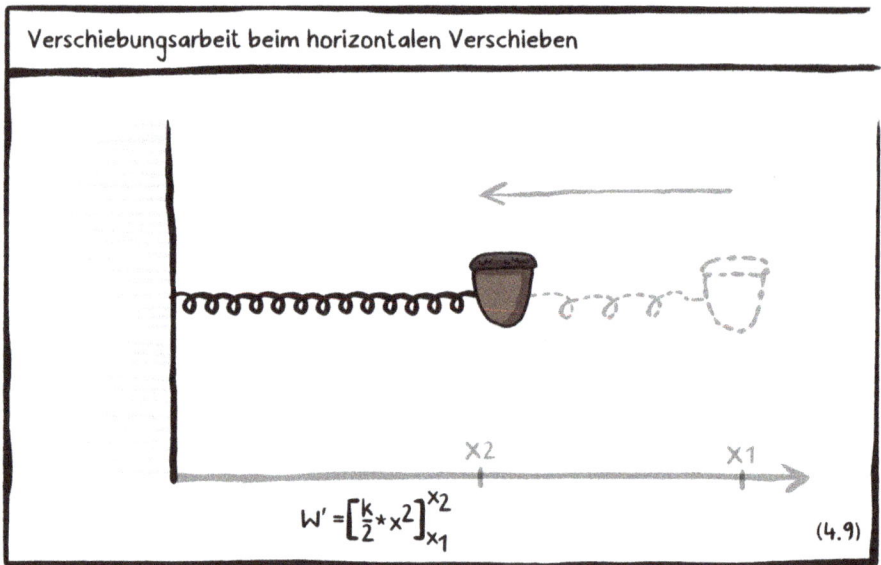

Abb. 4.4: Darstellung des horizontalen Spannens einer Feder.

tors verändert werden. Um einen Zusammenhang zwischen verrichteter Arbeit und veränderter Geschwindigkeit herstellen zu können, bedarf es einer mathematischen Herleitung. Die Grundlagen dafür bilden folgende bereits erläuterte Formeln:

$$W = \int_{s_1}^{s_2} \vec{F} d\vec{s}$$

$$\vec{v} = \frac{d\vec{s}}{dt}$$

Um beide Formeln verbinden zu können, muss $d\vec{s}$ ersetzt werden:

$$d\vec{s} = \vec{v} \cdot dt$$

Dieser Ausdruck kann nun in W eingesetzt werden. Dadurch dass die Integration nun nicht mehr nach dem Weg s sondern der Zeit t durchgeführt wird, müssen auch die Integrationsgrenzen entsprechend angepasst werden:

$$W = \int_{t_1}^{t_2} \vec{F} \cdot \vec{v} \cdot dt$$

Im folgenden kann F gemäß der Newton'schen Bewegungsgleichung ersetzt werden:

$$W = \int_{t_1}^{t_2} m \cdot \frac{d\vec{v}}{dt} \cdot \vec{v} \cdot dt = \int_{v_1}^{v_2} m \cdot \vec{v} \cdot d\vec{v}$$

Lösen des Integrals führt schlussendlich zur gesuchten Gleichung für die Beschleunigungsarbeit:

$$W = \frac{m}{2} \cdot (v_2^2 - v_1^2) \qquad (4.10)$$

Auch in diesem Fall weist ein **positives Ergebnis** auf einen zu **verrichtenden Arbeitsaufwand** hin. Eine **negative Beschleunigungsarbeit** hingegen beschreibt das **Arbeitsvermögen** eines Körpers, der eine Änderung seiner Geschwindigkeit erfährt.

4.3 Potentielle und kinetische Energie

Um die Begriffe potentielle und kinetische Energie erläutern zu können, muss zunächst der Energiebegriff an sich definiert werden.

Energie

Die **Energie** E ist eine physikalische Größe, die die gespeicherte Arbeit innerhalb eines Körpers darstellt. Die Energie eines Körpers beschreibt damit seine Fähigkeit, Arbeit zu verrichten sowie Wärme und Licht auszustrahlen. Ein Betrag an Energie kann in andere Energieformen umgewandelt aber niemals verbraucht werden. Man unterscheidet mechanische Energie, innere Energie, elektrische Energie und Strahlungsenergie.

$$[E] = 1\,\mathrm{N\,m} = 1\,\mathrm{J} \qquad \text{(Joule)}$$

4.3.1 Potentielle Energie

Potentielle Energie

Potentielle Energie E_{pot} ist (z. B. durch Verschiebungsarbeit erlangtes) Arbeitsvermögen.

Die **potentielle Energie eines Körpers im Schwerefeld der Erde** berechnet sich aus:

$$E_{\mathrm{pot}} = m \cdot g \cdot h \qquad (4.11)$$

Diese Formel kann am einfachsten am Beispiel des Hochhebens eines Körpers beschrieben werden. Die Verschiebung gegen die Gewichtskraft des Körpers liefert den bereits bekannten Zusammenhang. Die Höhendifferenz $z_2 - z_1$ kann als Höhe h eingesetzt werden.

! **Beispiel.** Allerdings besitzt nicht nur ein hochgehobener Körper potentielle Energie. Auch ein Wanderer, der über längere Zeit hinweg ebene sowie steigende Wanderwege auf seinem Ausflug zur Gipfelspitze zurückgelegt hat, besitzt potentielle Energie (Abb. 4.5). Besitzt der hochgehobene Gegenstand die selbe Masse wie der Wanderer und wird vom Wanderstartpunkt auf das selbe Höhenniveau gehoben, so haben beide sogar die selbe potentielle Energie.

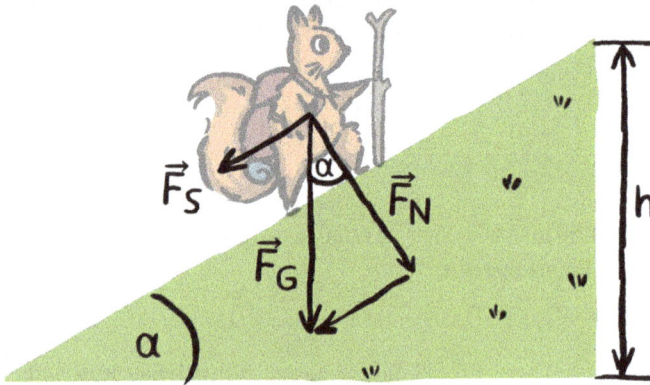

Abb. 4.5: Verrichtete Arbeit am Beispiel der geneigten Ebene.

Die Kraft, die der Wanderer überwinden muss bzw. gegen die er Arbeit leistet, entspricht der Bahnkomponente F_S der Gewichtskraft auf der geneigten Ebene (Minuszeichen heben sich wieder auf, vgl. Formel 4.6):

$$\sin \alpha = \frac{h}{s}$$

$$F_S = m \cdot g \cdot \sin \alpha$$

$$W' = F_S \cdot s = m \cdot g \cdot h$$

Der Nullpunkt h_0 muss dafür nicht auf Meeresspiegelhöhe (0 m) liegen, sondern kann willkürlich festgelegt werden. Entscheidend ist die überwundene Höhe h.

Neben der potentiellen Energie, die aus der Verschiebungsarbeit gegen die Gewichtskraft resultiert, kann nun auch ein Ausdruck für die **potentielle Energie der Federarbeit** angegeben werden. Diese potentiellen Energie quantifiziert analog die Verschiebungsarbeit gegen die Federkraft (vgl. Abb. 4.4):

$$E_{\text{Feder}} = \frac{k}{2} \cdot x^2 \tag{4.12}$$

4.3.2 Kinetische Energie

Kinetische Energie
Kinetische Energie E_{kin} ist durch Beschleunigungsarbeit erlangtes Arbeitsvermögen.

Ein Körper, der von $v = 0$ auf $v \neq 0$ beschleunigt wird, besitzt kinetische Energie. Die kinetische Energie kann entsprechend folgender Formel berechnet werden:

$$E_{kin} = \frac{m}{2} \cdot v^2 \tag{4.13}$$

E_{pot} und E_{kin} werden auch als mechanische Energien bezeichnet. Sie sind über das Gesetz von der Erhaltung der Energie verbunden.

4.4 Gesetz von der Erhaltung der Energie

Mechanischer Energiesatz
Bewegt sich ein Körper unter dem Einfluss einer Potentialkraft, so bleibt die Gesamtenergie erhalten. Sie ist eine Erhaltungsgröße.

Da die Gewichtskraft eine Potentialkraft ist, ist der mechanische Energiesatz für alle bewegten Körper gültig (solange keine weiteren Kräfte wirken, die nicht Potentialkräfte sind). Grundsätzlich gilt:

$$E_{ges} = E_{pot} + E_{kin} = \text{const.} \tag{4.14}$$

Gemäß Formel (4.14) auf dieser Seite ist die **Summe der mechanischen Energie zu jedem Zeitpunkt gleich groß**. Das bedeutet, dass die Summe der Energien während zwei unterschiedlichen Abschnitten eines Prozesses gleich ist. Damit ist es möglich, unterschiedliche Zustände eines Vorgangs zu berechnen.

Beispiel. Nehmen wir ein beliebtes Lied zum Anlass und betrachten einen Kaktus. Dieser Kaktus fällt von einem Balkon der Höhe $h \neq 0$ auf Pflastersteine ($h = 0$). Er befand sich zunächst in Ruhe. In diesem Zustand auf der Balkonbrüstung besaß der Kaktus sein Maximum an potentieller Energie. Während des Falls vermindert sich mit abnehmender Höhe die potentielle Energie des Kaktus. Im Gegensatz dazu stürzt er durch die Fallbeschleunigung immer schneller auf das Pflaster zu. Seine kinetische Energie nimmt also zu, je näher der Kaktus dem Pflaster kommt. Seine potentielle Energie wird immer geringer. Die Summe aus potentieller und kinetischer Energie ist aber in jedem Punkt des freien Falls gleich. Schlussendlich landet der Kaktus tragisch auf den Pflastersteinen. Im Moment des Aufpralls hat er eine potentielle Energie, die Null entspricht, da er ja den

Boden berührt und dieser auf dem Niveau $h = 0$ ist. Seine kinetische Energie ist aber in diesem Punkt maximal.

4.4.1 Anwendung des Energiesatzes

Eine beliebte Anwendung des Energiesatzes ist ein **Achterbahnabschnitt mit Looping** (auch Schleifenbahn genannt, Abb. 4.6). Vor allem Konstrukteure einer solchen Attraktion müssen den Energiesatz beherrschen, um eine sichere Auslegung der benötigten Bauteile garantieren zu können. Die Starthöhe z_A muss mindestens so hoch sein, um ein Durchlaufen des Waggons ohne Herunterstürzen garantieren zu können. Bei der Konstruktion eines solchen Achterbahnabschnitts können verschiedene Fragen auftreten. Um diese sicher beantworten zu können, werden zunächst die allgemeinen physikalischen Verhältnisse innerhalb eines solchen Achterbahnabschnitts geklärt.

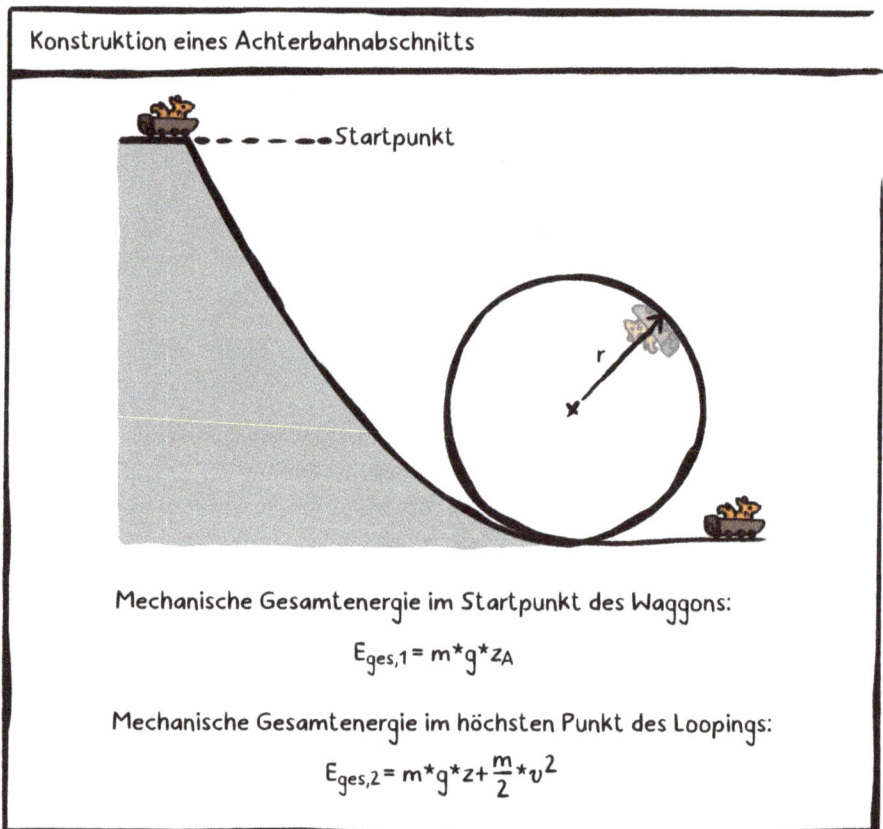

Konstruktion eines Achterbahnabschnitts

Startpunkt

r

Mechanische Gesamtenergie im Startpunkt des Waggons:

$$E_{ges,1} = m * g * z_A$$

Mechanische Gesamtenergie im höchsten Punkt des Loopings:

$$E_{ges,2} = m * g * z + \frac{m}{2} * v^2$$

Abb. 4.6: Achterbahnabschnitt mit Looping und Fahrzeug. Die vertikale Achse ist mit z bezeichnet, die Starthöhe mit z_A.

Frage 1. *Kann der Waggon aus der Ruhe heraus auf der selben Höhe wie der höchste* ❗ *Punkt des Loopings starten?*

Gemäß des Gesetzes von der Erhaltung der Energie können beide Gesamtenergien gleichgesetzt werden:

$$E_{ges,1} = E_{ges,2} \tag{4.15}$$

$$m \cdot g \cdot z_A + 0 = m \cdot g \cdot z + \frac{m}{2} \cdot v^2 \tag{4.16}$$

Da beide Höhen gleich groß sind, ergibt sich für die Geschwindigkeit im höchsten Punkt des Loopings:

$$v = \sqrt{2 \cdot g \cdot (z_A - z)} = 0 \tag{4.17}$$

Da der Waggon im Looping des Radius r eine geschlossene Kreisbewegung beschreiben soll, muss in jedem Punkt der Bahn eine Radialbeschleunigung a_r vorliegen. Für die erforderliche Radialbeschleunigung muss die Geschwindigkeit größer als Null sein. Deshalb muss der Startpunkt des Waggons höher als der höchste Punkt des Loopings gewählt werden.

Frage 2. *Wie groß muss nun die Geschwindigkeit des Waggons mindestens sein, um ein* ❗ *Durchlaufen des Loopings zu garantieren?*

Um diese Frage beantworten zu können, muss klar sein, welche Kräfte die Radialkraft innerhalb des Loopings beeinflussen. Die Radialkraft setzt sich beim Durchqueren des Loops aus zwei Bestandteilen zusammen:

$$F_r = F_G + Z \tag{4.18}$$

$$m \cdot \frac{v^2}{r} = m \cdot g + Z \tag{4.19}$$

Der untersuchte Fall ist ein Grenzfall ($Z = 0$), da die Geschwindigkeit einen **Mindestwert** annehmen soll. Die Radialkraft wird nur von der Gewichtskraft hervorgebracht. Die Geschwindigkeit kann nun berechnet werden:

$$m \cdot \frac{v^2}{r} \geq m \cdot g \tag{4.20}$$

$$v \geq \sqrt{g \cdot r} \tag{4.21}$$

Die Anfangshöhe, die **mindestens** notwendig ist, um den Looping durchlaufen zu können, ergibt sich damit über die Summe aus $E_{pot} = 2mgr$ und $E_{kin} = \frac{1}{2}mgr$ im höchsten Punkt des Loopings zu:

$$z_A \geq \frac{5}{2}r \tag{4.22}$$

Kapitelzusammenfassung

!

Arbeit, Energie, Leistung

Arbeit längs eines Weges	$W = \int \vec{F}\, d\vec{r}$	$\vec{F}\, d\vec{r} = F_s\, ds$ $= F \cos\alpha\, ds$

Verschiebungsarbeit $\qquad W' = -W = \Delta E_p$

Potentielle Energie $\qquad E_p(\vec{r}) - E_p(\vec{r}_0) = - \int\limits_{\vec{r}_0}^{\vec{r}} \vec{F}\, d\vec{r}$

Kinetische Energie $\qquad E_k = \dfrac{m}{2} v^2$

Leistung $\qquad P = \dfrac{dW}{dt} = \vec{F}\,\vec{v} = F_s\, v$

Energieerhaltungssatz $\qquad E_k(v) + E_p(\vec{r}) = E_0 = \text{const.}$

der Mechanik $\qquad E_{k_1} + E_{p_1} = E_{k_2} + E_{p_2}$

Potentielle Energie
spezieller Kräfte:

Gewichtskraft	$\vec{F}_G = -m g\, \vec{e}_z$	$E_p = m g z$
Federkraft	$\vec{F}_k = -k x\, \vec{e}_x$	$E_p = \dfrac{k}{2} x^2$
Gravitationskraft	$\vec{F}_g = -G \dfrac{m_1 m_2}{r^2}\, \vec{e}_r$	$E_p = -G \dfrac{m_1 m_2}{r}$

5 Dynamik von Systemen von Punktmassen

https://doi.org/10.1515/9783111030272-005

Reale physikalische Phänomene treten stets in Zusammenhang mit **mehreren Punktmassen** auf. Während des jeweiligen Vorgangs üben diese Punktmassen Wechselwirkungen aufeinander aus. Die Größen Kraft, Kraftstoß und Impuls werden deshalb im folgenden auf eine Anzahl von N Punktmassen bezogen. Diese Punktmassen bilden ein **System**.

5.1 Impulserhaltung

Aufgrund des **Wechselwirkungsgesetzes** (drittes Newton'sches Axiom) existiert innerhalb eines abgeschlossenen Systems von Punktmassen für jede Kraft $\vec{F}_{ik}$, die von einer Punktmasse i auf eine andere k wirkt, eine gleich große Gegenkraft $\vec{F}_{ki}$. Beide Kräfte sind also betragsmäßig gleich groß und entgegengesetzt gerichtet. Mathematisch gilt:

$$\vec{F}_{ik} = -\vec{F}_{ki} \tag{5.1}$$

$$\boxed{\sum_{i=1}^{N} \sum_{\substack{k=1 \\ k \neq i}}^{N} \vec{F}_{ik} = 0} \tag{5.2}$$

Die **Summe aller Wechselwirkungskräfte** ergibt in einem System aus N Punktmassen den Wert **Null**. Also gilt auch für die Summe aller resultierenden inneren Kräfte $\vec{F}_j$, die auf die N Punktmassen einwirken:

$$\sum_{j=1}^{N} \vec{F}_j = 0 \tag{5.3}$$

$$\sum_{j=1}^{N} m_j \cdot \vec{a}_j = 0 \tag{5.4}$$

$$\sum_{j=1}^{N} m_j \cdot \frac{d\vec{v}_j}{dt} = 0 \tag{5.5}$$

Eine Integration über die Zeit liefert den **Kraftstoß**. Da m_j als konstante Masse angenommen wird und damit unabhängig von der Zeit ist, kann diese vor das Integral geschrieben werden:

linke Seite:
$$\sum_{j=1}^{N} m_j \cdot \int_{0}^{t} \frac{d\vec{v}_j}{dt} dt = \sum_{j=1}^{N} m_j \cdot \vec{v}_j = \sum_{j=1}^{N} \vec{p}_j = \vec{p}_0 \qquad (5.6)$$

rechte Seite:
$$\int 0 \, dt = \text{const.} \qquad (5.7)$$

Der **Gesamtimpuls** $\vec{p}_0$ eines abgeschlossenen Systems von Punktmassen bleibt bei den individuellen Bewegungen der Punktmassen erhalten. Es gilt:

$$\vec{p}_0 = \sum_{j=1}^{N} \vec{p}_j = \text{const.} \qquad (5.8)$$

Nach dieser Erläuterung verbleibt noch die Frage nach dem **Unterschied von Kraftstoß und Impuls**. Um diesen verstehen zu können, müssen die Charakteristika des Impulses bekannt sein:

- Der Impuls ist eine vektorielle Größe. Er besitzt damit sowohl einen Betrag als auch eine Wirkrichtung.
- Durch die Änderung der Masse eines Körpers kann der Impuls verändert werden.
- Über Manipulation der Körpergeschwindigkeit kann eine Veränderung des Impulses auf zwei Arten erfolgen:
  - Die Richtung der Geschwindigkeit wird verändert.
  - Der Betrag der Geschwindigkeit wird verändert.

Sowohl der Betrag als auch die Richtung der Geschwindigkeit können durch Einwirken einer Kraft verändert werden. Das Ausmaß der Veränderung wird dabei von dem Betrag, der Richtung und der Einwirkungsdauer der Kraft bestimmt. Dieser Zusammenhang wird durch den Kraftstoß erfasst. Der **Kraftstoß** ist damit das Produkt aus dem Vektor der einwirkenden Kraft (beinhaltet Betrag und Richtung der Kraft) sowie der Einwirkzeit Δt und entspricht der Impulsänderung $\Delta\vec{p}$. Entsprechend handelt es sich um eine **vektorielle Größe** und es gilt das **verallgemeinerte Kraftgesetz**:

$$\vec{F} = \frac{d\vec{p}}{dt} \qquad (5.9)$$

5.2 Bewegung des Massenmittelpunktes

Der **Massenmittelpunkt**, auch **Schwerpunkt** eines Systems genannt, wird durch die Größe der Masse der verschiedenen Punktmassen und deren Lage relativ zum Ursprung des Koordinatensystems bestimmt (Abb. 5.1). Anhand dieser Größen kann der Massenmittelpunkt wie folgt berechnet werden:

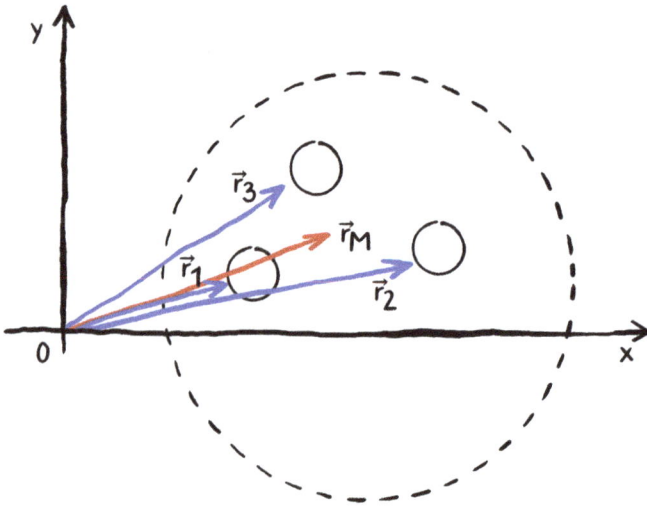

Abb. 5.1: Bestimmung des Massenmittelpunktes.

$$\vec{r}_M = \frac{\sum_j m_j \cdot \vec{r}_j}{\sum_j m_j} \tag{5.10}$$

Mit Hilfe von Formel (5.10) auf dieser Seite kann nun auch die Newton'sche Bewegungsgleichung des Massenmittelpunkts ermittelt werden:

$$m_{ges} \cdot \vec{a}_M = \underbrace{\sum_j m_j \vec{a}_j}_{\sum_j \vec{F}_j} \overset{\text{Newton II}}{=} \underbrace{\sum_{i=1}^{N} \sum_{k=1}^{N} \vec{F}_{ik}}_{\text{innere Kräfte} = 0} + \underbrace{\sum_l \vec{F}_l^a}_{\text{äußere Kräfte}} \tag{5.11}$$

Der Massenmittelpunkt eines Systems von Punktmassen bewegt sich also unter dem Einfluss der äußeren Kräfte wie eine einzelne Punktmasse der Masse $m_{ges} = \sum_{j=1}^{N} m_j$. **Die bereits bekannten Gleichungen der Dynamik können deshalb auf ein Punktmassensystem übertragen werden, solange der Bezug auf den Massenmittelpunkt besteht.**

Aufgrund dessen, dass die Summe der inneren Kräfte eines abgeschlossenen Systems den Wert Null annimmt, stellt die resultierende Kraft $\vec{F}_j$ die Summe der äußeren Kräfte dar. Da die Summe der äußeren Kräfte für ein abgeschlossenes System Null ergibt, ist auch die **resultierende Kraft des abgeschlossenen Systems gleich Null.**

Impulserhaltungssatz unter Einbeziehung des Massenmittelpunktes
Wirkt auf ein System keine äußere resultierende Kraft, dann ist die Geschwindigkeit des Massenmittelpunkts konstant und der Gesamtimpuls bleibt erhalten.

5.3 Stoßvorgänge und Impulsaustausch

Stoß
Ein **Stoß** ist eine kurzfristige Wechselwirkung bewegter Punktmassen bzw. Körper.

Werden Punktmassen betrachtet, sind nur gerade Stöße möglich. Ausgedehnte Körper können auch schiefe Stöße ausführen. Ein gutes Beispiel dafür ist der Stoß zweier Billardkugeln: Stoßen beide Kugeln zusammen, so weicht die Stoßkugel nach dem Stoß von ihrer ursprünglichen Bewegungsrichtung ab, siehe Abbildung 5.2 auf dieser Seite.

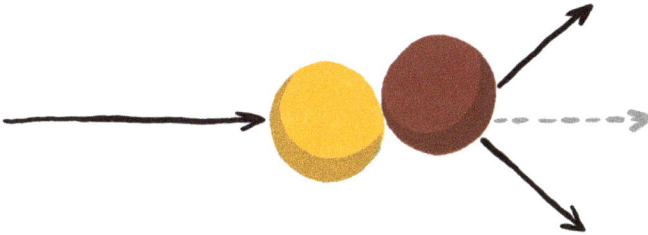

Abb. 5.2: Stoß zweier Billardkugeln.

Während der Wechselwirkung erfolgt eine Deformation beider Körper an der Berührungsfläche. Anhand dieser Deformation können **zwei Grenzfälle** des Stoßes unterschieden werden:

1. **Vollkommen elastischer Stoß**
   In diesem Fall wird die Deformation vollständig zurückgebildet.
2. **Vollkommen inelastischer Stoß**
   Im Rahmen des inelastischen Stoßes kommt es zu bleibenden Deformationen oder auch zur Kopplung der Körper.

Da die im Rahmen dieses Buches betrachteten Stoßszenariensysteme größtenteils abgeschlossen sind, kann von der Wirkung äußerer Kräfte abgesehen werden. Deshalb entspricht der **Gesamtimpuls** beider Grenzfälle **nach dem Stoß** dem **Gesamtimpuls vor dem Stoß. Der Impulserhaltungssatz gilt immer.**

$$\sum \vec{p}_{\text{vorher}} = \sum \vec{p}_{\text{nachher}} = \text{const.} \tag{5.12}$$

$$m_1 \cdot \vec{v}_1 + m_2 \cdot \vec{v}_2 = m_1 \cdot \vec{v}_1' + m_2 \cdot \vec{v}_2' \tag{5.13}$$

Um diesen Umstand genauer zu verdeutlichen wird nun der **zentrale Stoß zweier Kugeln** untersucht (Abb. 5.3). Die Kugeln haben die Masse m_1 und m_2. Nach Herleitung der allgemeinen Gegebenheiten des Stoßvorgangs werden im folgenden beide Grenzfälle, also der vollkommen elastische Stoß und der vollkommen inelastische Stoß, genauer untersucht.

Abb. 5.3: Zentraler Stoß zweier Kugeln.

5.3.1 Vollkommen elastischer Stoß

Die Deformationsarbeit wird nach einem **vollkommen elastischen Stoß** wieder komplett in kinetische und potentielle Energie zurückgeführt. Deshalb gilt der **Energieerhaltungssatz der Mechanik**.

Wie muss man sich einen vollkommen elastischen Stoß vorstellen und welche Beispiele dafür gibt es? Der vollkommen elastische Stoß wird gerne anhand von Billardkugeln beschrieben. Eine Kugel rollt dabei auf die andere zu und es kommt zum Stoß. Nach dem Stoßvorgang besitzen beide Kugeln unterschiedliche Geschwindigkeiten. Des Weiteren sind beide Körper nicht gekoppelt, sie bilden also keine Einheit sondern beide Kugeln sind auch nach dem Stoß als zwei Einheiten vorhanden.

Die meisten Berechnungen der vollkommen elastischen Stoßes beziehen sich auf einen horizontalen Stoß. **Die potentielle Energie ändert sich dadurch nicht**. Im folgenden wird der Energieerhaltungssatz auf einen Stoß dieser Art angewendet. Die gesamte kinetische Energie vor dem Stoß entspricht der kinetischen Energie nach dem Stoß.

Gemeinsam mit dem **Impulssatz** entsteht ein Gleichungssystem. Sind die Geschwindigkeiten vor dem Stoß ($\vec{v}_1$, $\vec{v}_2$) bekannt, so können die Geschwindigkeiten nach dem Stoß ($\vec{v}_1'$, $\vec{v}_2'$) berechnet werden. Das wird dadurch ermöglicht, dass das Gleichungssystem aus zwei Gleichungen besteht und zwei Unbekannte gesucht sind. Existieren mehr Unbekannte als Gleichungen ist das System nicht eindeutig zu lösen. Gibt es wiederum mehr Gleichungen als Unbekannte spricht man von einem überbestimmten System.

Das Gleichungssystem lautet nun ($\vec{p}$ und $\vec{v}$ sind i. a. Vektoren, für zentralen Stoß nur Komponente in Richtung der Verbindungsgeraden zu betrachten):

$$\frac{m_1}{2} \cdot v_1^2 + \frac{m_2}{2} \cdot v_2^2 = \frac{m_1}{2} \cdot v_1'^2 + \frac{m_2}{2} \cdot v_2'^2 \qquad \text{(Energiesatz [ES])}$$

$$m_1 \cdot v_1 + m_2 \cdot v_2 = m_1 \cdot v_1' + m_2 \cdot v_2' \qquad \text{(Impulssatz [IS])}$$

Zum leichteren Verständnis wird nun der Herleitungsweg zur Berechnung der Geschwindigkeiten beider Stoßkörper nach dem Stoß dargestellt. Es wird empfohlen, diese in einer ruhigen Minute zu verinnerlichen und nachzurechnen.

Zunächst werden beide Formeln so umgestellt, dass nur Terme des gleichen Index auf einer Seite zu finden sind:

$$m_1 \cdot (v_1 - v_1') = m_2 \cdot (v_2' - v_2) \qquad \text{(IS)}$$

$$m_1 \cdot (v_1^2 - v_1'^2) = m_2 \cdot (v_2'^2 - v_2^2) \qquad \text{(ES)}$$

Anhand von ES wird nun die dritte binomische Formel $(a + b) \cdot (a - b) = a^2 - b^2$ verwendet:

$$m_1 \cdot (v_1 + v_1')(v_1 - v_1') = m_2 \cdot (v_2' + v_2)(v_2' - v_2) \qquad \text{(ES*)}$$

(ES*) wird durch (IS) dividiert und man erhält:

$$v_1 + v_1' = v_2' + v_2 \qquad \text{(ES**)}$$

Um nun eine Berechnungsformel für die Endgeschwindigkeit beider Körper zu erhalten, werden v_1' und v_2' in (IS) eingesetzt. Dieser Vorgang wird zunächst am Beispiel von v_1' demonstriert:

$$v_2' = v_1 + v_1' - v_2 \qquad \text{(aus ES**)}$$

$$m_1 \cdot (v_1 - v_1') = m_2 \cdot (v_1 + v_1' - v_2 - v_2)$$

$$m_1 v_1 - m_1 v_1' = m_2 v_1 + m_2 v_1' - 2m_2 v_2$$

$$v_1'(m_1 + m_2) = m_1 v_1 - m_2 v_1 + 2m_2 v_2$$

$$\boxed{v_1' = \frac{v_1(m_1 - m_2) + 2m_2 v_2}{m_1 + m_2}} \qquad (5.14)$$

In Analogie dazu wird v_2' berechnet (bzw. der Index symmetrisch getauscht):

$$v_2' = \frac{v_2(m_2 - m_1) + 2m_1 v_1}{m_1 + m_2} \qquad (5.15)$$

Das Vorzeichen, welches nach dem Einsetzen der gegebenen Werte in v_1' und v_2' erhalten wird, gibt Aufschluss über die Bewegungsrichtung nach dem Stoß. Ein negatives Vorzeichen deutet auf einen Richtungswechsel bezüglich der Stoßrichtung hin. Ein Ergebnis mit positivem Vorzeichen hingegen bedeutet eine Bewegung in Stoßrichtung. Der vollkommen elastische Stoß besitzt zudem einige **Spezialfälle**, die nun genauer betrachtet werden.

Beispiel. *Kugel 1 mit m_1 stößt Kugel 2 mit m_2, Kugel 1 besitzt eine Geschwindigkeit $v_1 \neq 0$ wohingegen Kugel 2 zunächst ruht ($v_2 = 0$).*

Auch in diesem Fall dienen Billardkugeln zur Veranschaulichung der Sachverhalte. Die Billardkugeln bestehen aus dem selben Material und besitzen entsprechend die gleiche Dichte. Durch ihre unterschiedliche Größe ergeben sich jedoch unterschiedliche Massen:

– $m_1 = m_2$

$$v_1' = \frac{2 \cdot m_2 \cdot v_2}{m_1 + m_2} = 0$$

$$v_2' = \frac{2 \cdot m_1 \cdot v_1}{m_1 + m_2} = v_1$$

– $m_1 < m_2$ (hier: $m_1 = \frac{1}{2}m_2$)

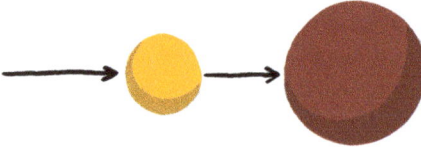

$$v_1' = -\frac{1}{3}v_1$$

$$v_2' = \frac{2}{3}v_1$$

– $m_1 > m_2$ (hier: $m_1 = 2m_2$)

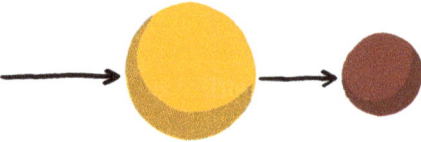

$$v_1' = \frac{1}{3}v_1$$

$$v_2' = \frac{4}{3}v_1$$

5.3.2 Vollkommen inelastischer Stoß

Im Fall des **vollkommen inelastischen Stoßes** kann die Deformationsarbeit nicht vollständig zurückgeführt werden. **Deshalb gilt der Energieerhaltungssatz der Mechanik an dieser Stelle nicht.** Bei der Berechnung des vollkommen inelastischen Stoßes kann nur auf den Impulserhaltungssatz zurückgegriffen werden.

Der vollkommen inelastische Stoß wird häufig anhand von Eisenbahnwaggons beschrieben. Nehmen wir an zwei Waggons sollen zu einem Zug verbunden werden, um mehr Fahrgäste zwischen Freiberg und Dresden transportieren zu können. Dazu wird

Waggon 2 an Waggon 1 gekoppelt. Beide Waggons haben durch die unterschiedliche Anzahl an Fahrgästen auch unterschiedliche Massen m_1 und m_2. Zudem besitzen beide
verschiedene Geschwindigkeiten v_1 und v_2 vor dem Stoß. Nach dem Stoß bilden beide
Züge durch die Kopplung **eine Einheit**. Diese Einheit zeichnet sich durch ihre Masse
$m' = m_1 + m_2$ aus und hat eine Geschwindigkeit v'. Diese Geschwindigkeit kann mit
Hilfe des Impulserhaltungssatzes bestimmt werden:

$$m_1 \cdot v_1 + m_2 \cdot v_2 = (m_1 + m_2) \cdot v' \qquad \text{(Impulssatz)}$$

$$v' = \frac{m_1 \cdot v_1 + m_2 \cdot v_2}{m_1 + m_2} \tag{5.16}$$

Während des Kopplungsvorgangs wird ein Teil der mechanischen Energie beider
Waggons in andere Energieformen umgewandelt. **Dieser Vorgang ist irreversibel.**
Beispielsweise wird durch Reibung der Kupplungsenden beider Waggons ein Teil
der mechanischen Energie in thermische Energie umgewandelt. Diese wird wiederum an die Umgebung abgegeben. Wie bereits erwähnt, wird während des inelastischen Stoßvorgangs auch plastische Verformungsarbeit verrichtet. Die dadurch geleistete Arbeit $\Delta W_v > 0$ charakterisiert die Menge an Energie, welche den Waggons
nach dem Stoß nicht mehr zur Verfügung steht. Sie kann wie folgt ermittelt werden:

$$\Delta W_v = \sum (E_{\text{kin, vorher}} - E_{\text{kin, nachher}})$$

$$= \frac{m_1}{2} \cdot v_1^2 + \frac{m_2}{2} \cdot v_2^2 - \frac{m_1 + m_2}{2} \cdot v'^2$$

Durch Einsetzen von v' ergibt sich die Berechnungsformel der **Verformungsarbeit** für
den vollkommen inelastischen Stoß:

$$\Delta W_v = \frac{1}{2} \cdot \frac{m_1 \cdot m_2}{m_1 + m_2} \cdot (v_1 - v_2)^2 > 0 \tag{5.17}$$

5.3.3 Stöße in drei Dimensionen

Im Fall eines dreidimensionalen Stoßes muss der **Impulserhaltungssatz** in jeder Richtung des Raumes erfüllt sein. Der Grund dafür ist, dass der Gesamtimpuls auf die drei
Raumrichtungen verteilt wird:

$$p_{x,\text{ges}} = \text{const.} \tag{5.18}$$

$$p_{y,\text{ges}} = \text{const.} \tag{5.19}$$

$$p_{z,\text{ges}} = \text{const.} \tag{5.20}$$

5.4 Raketenantrieb

Der Start einer **Rakete** und die dabei stattfindenden Vorgänge sind wichtige Beispiele für die Dynamik von Punktmassensystemen. Das System besteht in diesem Fall aus der Rakete und dem Raketentreibstoff.

Während des Startvorgangs wird Treibstoff verbrannt und gasförmig ausgestoßen, um die Rakete in die Luft zu befördern. Damit verändert sich die Gesamtmasse des Systems aus Rakete und Treibstoff während der Startsequenz. Die Masse der Rakete m_L bleibt während des gesamten Vorgangs konstant. Das System besteht vor dem Raketenstart also aus der Gesamtmasse ($m_0 = m_L + m_T$) und besitzt die Geschwindigkeit v_0.

Während des Brennvorgangs wird das vorher gekoppelte System aus Rakete und Treibstoff kontinuierlich in **zwei einzelne Einheiten entkoppelt**: in die Rakete (m, v) und den infinitesimal kleinen Treibstoffanteil dm_T, der mit der Geschwindigkeit v_T ausgestoßen wird. Ein derartiger Vorgang entspricht einem rückwärts stattfindenden vollkommen inelastischen Stoß. Der Start der Rakete ist in Abbildung 5.4 dargestellt.

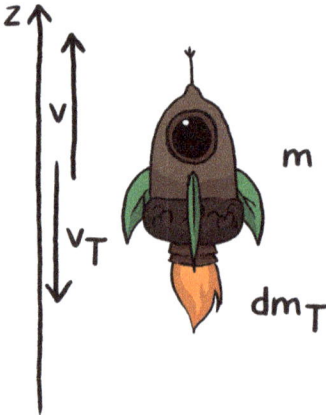

Abb. 5.4: Darstellung des Raketenstarts.

Für den vollkommen inelastischen Stoß gilt:

$$p_{\text{vor Ausstoß}} = p_{\text{nach Ausstoß}} \tag{5.21}$$

$$(m + dm_T) \cdot v = \underbrace{m \cdot (v + dv)}_{\text{Rakete}} + \underbrace{dm_T \cdot (v - v_T)}_{\text{Treibstoff}} \tag{5.22}$$

Es wird aufgelöst und zusammengefasst:

$$m \cdot dv = dm_T \cdot v_T \tag{5.23}$$

$$dv = \frac{dm_T}{m} \cdot v_T \tag{5.24}$$

Eine Ableitung nach der Zeit führt zur Schubkraft der Rakete:

$$F_S \equiv m \cdot \frac{dv}{dt} = \frac{dm_T}{dt} \cdot v_T \qquad (5.25)$$

Da die Zunahme an ausgestoßener Treibstoffmasse der Abnahme an Masse in der Rakete entspricht, kann dm_T durch $-dm$ ersetzt werden. Es ergeben sich damit folgende Integrale:

$$\int_{v_0}^{v} dv = -v_T \int_{m_0}^{m} \frac{dm}{m} \qquad (5.26)$$

$$v - v_0 = -v_T \cdot [\ln m - \ln m_0] \qquad (5.27)$$

$$v = v_T \cdot \ln \frac{m_0}{m} + v_0 \qquad (5.28)$$

Die Masse m_0 ist die Ausgangsmasse. Sie setzt sich aus der Leermasse der Rakete m_L und der Treibstoffmasse zusammen. Für eine vollständige Verbrennung des Treibstoffs gilt demnach:

$$v = v_T \cdot \ln\left(\frac{m_L + m_T}{m_L}\right) + v_0 \qquad (5.29)$$

Kapitelzusammenfassung

!

Impulserhaltung

Impulserhaltungssatz

$$\sum_k m_k \vec{v}_k = \vec{p}_0 = \text{const.}$$

Massenmittelpunkt

$$\vec{r}_M = \frac{\sum_k m_k \vec{r}_k}{\sum_k m_k} = \frac{\vec{p}_0}{\sum_k m_k} t + \vec{r}_0$$

Gerader Stoß

$$m_1 v_1 + m_2 v_2 = m_1 v_1' + m_2 v_2'$$

Geschwindigkeiten zweier Körper nach dem Stoß:

vollkommen inelastisch

$$v' = \frac{m_1 v_1 + m_2 v_2}{m_1 + m_2}$$

vollkommen elastisch

$$v_1' = \frac{(m_1 - m_2) v_1 + 2 m_2 v_2}{m_1 + m_2}$$

$$v_2' = \frac{(m_2 - m_1) v_2 + 2 m_1 v_1}{m_1 + m_2}$$

Bewegungsgleichung bei veränderlicher Masse (Relativgeschwindigkeit $\vec{u}$)

$$m(t)\vec{a} = \vec{F} + \underbrace{\vec{u} \frac{dm}{dt}}_{\vec{F}_S}$$

6 Mechanik des starren Körpers

https://doi.org/10.1515/9783111030272-006

> **Starrer Körper**
> Ein **starrer Körper** ist ein Ensemble aus Punktmassen, deren Abstände bei Bewegungen konstant („starr") sind. Die Form des Körpers bleibt erhalten.

6.1 Freiheitsgrade

> **Freiheitsgrade**
> Die Zahl der Koordinaten, die man zur Festlegung der Lage eines Körpers im Raum benötigt, bezeichnet man als **Freiheitsgrade**.

Je nach betrachtetem Objekt müssen unterschiedlich viele Freiheitsgrade definiert werden:

- **Punktmasse:** 3 Freiheitsgrade (x, y, z).
- **System aus N Punktmassen:** $3 \cdot N$ Freiheitsgrade.
- **Starrer Körper:** 6 Freiheitsgrade (3 Translation, 3 Rotation).

Der Bewegungsablauf eines starren Körpers besteht demnach nicht nur aus der bloßen Translation. Er ist ebenso in der Lage, auf dem Weg zu seinem gewünschten Ziel um eine Achse zu rotieren. Das Ergebnis dieser Rotation ist von der Reihenfolge der Drehungen abhängig.

! **Beispiel.** Ein Student wirft einen Bleistift, dessen Beschriftung ursprünglich nach unten zeigt. Im Laufe des Fluges rotiert der Bleistift einmal 90° um seine x-Achse, einmal 90° um seine y-Achse und einmal 90° um seine z-Achse. Bei der Aufstellung der Bewegung dieses Bleistifts ist es für die Rotation, anders als für die Translation, im Nachhinein durchaus nicht egal, ob der Bleistift erst in Richtung der x-Achse, dann in Richtung der y-Achse und zuletzt in Richtung der z-Achse rotiert oder umgekehrt. Die Beschriftung würde in entgegengesetzte Richtung zeigen, wenn er sich erst um z, dann um y und zuletzt um x gedreht hätte.

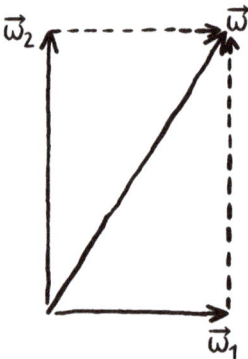

Abb. 6.1: Vektorsumme zweier Winkelgeschwindigkeiten zur resultierenden Rotation mit der momentanen Drehachse $\vec{\omega}$.

**Aber (momentane) Winkelgeschwindigkeiten und Winkelbeschleunigungen kön-
nen vektoriell addiert werden** (siehe Abbildung 6.1).

Wie verhält sich aber nun ein starrer Körper unter Rotation? Grundsätzlich lässt
sich der Zusammenhang eines Punktes P des Körpers mit Ortsvektor $\vec{r}$, Bahngeschwindigkeit $\vec{v}$ und einer Winkelgeschwindigkeit $\vec{\omega}$ mit Hilfe des Vektorprodukts beschreiben.
Das **Vektorprodukt**, auch „Kreuzprodukt" genannt, stellt ein wichtiges Werkzeug zum
Verständnis der Mechanik starrer Körper dar. Im folgenden wird das Kreuzprodukt $\vec{c}$
der Vektoren $\vec{a}$ und $\vec{b}$ gezeigt:

$$\vec{c} = \vec{a} \times \vec{b} \tag{6.1}$$

$$|\vec{c}| = |\vec{a}| \cdot |\vec{b}| \cdot \sin(\sphericalangle \vec{a}, \vec{b}) \tag{6.2}$$

Die Richtung ist gemäß Abbildung 6.2 (**Rechte-Hand-Regel**) festgelegt. Das Kreuzprodukt steht damit senkrecht auf der Ebene der Vektoren, durch die es gebildet wird.

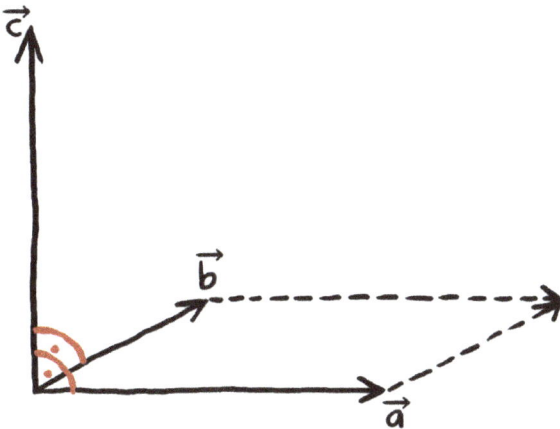

Abb. 6.2: Darstellung des Kreuzprodukts $\vec{c}$ der Vektoren $\vec{a}$ und $\vec{b}$. Die von $\vec{a}$ und $\vec{b}$ aufgespannte Fläche
(gestrichelt umrandet) ist gleich dem Betrag von $\vec{c}$.

Im Fall der Rotation des Punktes P des starren Körpers gilt:

$$\vec{v} = \vec{\omega} \times \vec{r} \tag{6.3}$$

Die in Abbildung 6.3 auf der nächsten Seite dargestellte Anordnung veranschaulicht die
Vektoren der rotierenden Starrkörperbewegung. Wie bereits beschrieben, steht der Vektor der Bahngeschwindigkeit senkrecht auf der von Ortsvektor und Winkelgeschwindigkeit aufgespannten Ebene. Damit beschreibt jeder Punkt des starren Körpers eine
Kreisbewegung um die $\vec{\omega}$-Achse.

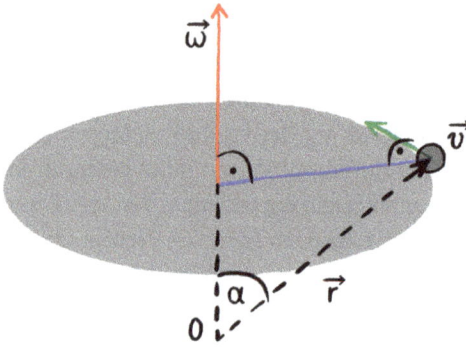

Abb. 6.3: Darstellung der vektoriellen Verhältnisse der kreisförmigen Starrkörperbewegung.

Nach Abbildung 6.3 erkennt man bei Verwendung des Kreisbahnradius $|\vec{r}| \cdot \sin \alpha$ (Abstand des Punktes zur Rotationsachse) die bekannte Beziehung für Kreisbewegungen, und für den Spezialfall $\vec{r} \perp \vec{\omega}$ den Zusammenhang:

$$v = |\vec{v}| = |\vec{\omega} \times \vec{r}| = \omega \cdot r \cdot \sin 90° \tag{6.4}$$

$$v = \omega r \tag{6.5}$$

6.2 Kräfte und Drehmomente starrer Körper

Wird ein starrer Körper in seinem statischen **Gleichgewichtszustand** betrachtet, entspricht die **Summe der angreifenden Kräfte in einer Raumrichtung stets Null**. Nach dem sogenannten Freischnitt des betrachteten starren Körpers wird jeweils die Summe aller Kräfte in jeder der drei Raumrichtungen betrachtet. Diese wird aus genanntem Grund stets Null gesetzt.

In Bezug auf einen Kraftangriff nach Abbildung 6.4 auf der nächsten Seite ist die Summe aus $F_{y,1}$ und $F_{y,2}$ genau Null. Daher gilt unter Beachtung der Richtung durch Vorzeichen:

$$F_{y,1} + (-F_{y,2}) = 0$$
$$F_{y,1} = F_{y,2}$$

Nach bisher abgeleiteten Bewegungsgleichungen sollten dynamische Vorgänge bzw. Beschleunigungen also für einen Körper dieser Gesamtkraft nicht stattfinden, da diese stets durch eine resultierende Kraft ungleich Null verursacht werden. Dennoch ist ein starrer Körper mit $F_{\text{ges}} = 0$ in der Lage, um seine Achse zu rotieren. Er befindet sich in diesem Fall nicht im statischen Gleichgewicht.

Für die Beschreibung der Ursachen dieser Bewegung wird eine weitere physikalische Größe benötigt. Diese Größe wird **Drehmoment** $\vec{M}$ genannt.

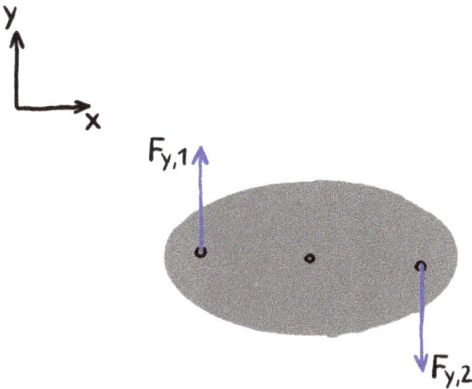

Abb. 6.4: Ein starrer Körper mit zwei in y-Richtung angreifenden Kräften.

Drehmoment

Das **Drehmoment** M ist das Kreuzprodukt aus der angreifenden Kraft und dem zum Angriffspunkt gerichteten Ortsvektor. Es ist die Ursache der Rotation.

$$\vec{M} = \vec{r} \times \vec{F} \qquad (6.6)$$

$$[M] = 1\,\mathrm{N\,m}$$

Um eine bessere Vorstellung des Drehmoments zu ermöglichen, wird nun Abbildung 6.4 auf dieser Seite um neue Informationen ergänzt.

Wie in Abbildung 6.5 auf der nächsten Seite dargestellt, besitzt jede Einzelkraft ein eigenes Drehmoment. Der Richtungssinn des Drehmoments wird mit Hilfe der **Rechte-Hand-Regel** bestimmt. Beide Wirklinien befinden sich im Abstand l (rote Linie) zueinander. Für die Summe der Drehmomente des starren Körpers gilt:

$$\sum_i \vec{M}_i = \vec{r}_1 \times \vec{F}_1 + \vec{r}_2 \times \vec{F}_2$$

bzw. für $\quad \vec{F}_2 = -\vec{F}_1 \quad$ mit $|\vec{F}_1| = |\vec{F}_2| = F$:

$$|\vec{M}_{\mathrm{ges}}| = \left|\sum_i \vec{M}_i\right| = |(\vec{r}_2 - \vec{r}_1) \times \vec{F}|$$

$$M_{\mathrm{ges}} = l \cdot F \qquad (6.7)$$

Das Drehmoment ist damit nur vom Abstand l der Wirkungslinien abhängig. **Eine Abhängigkeit zur genauen Lage der Angriffspunkte der Kräfte besteht nicht.**

Wie bereits erwähnt, befindet sich ein Körper mit einer resultierenden Kraft von Null in den drei Raumrichtungen nicht zwingend im Gleichgewicht. Durch die so gewonnene Vorstellung des Drehmoments wird dies nun klar.

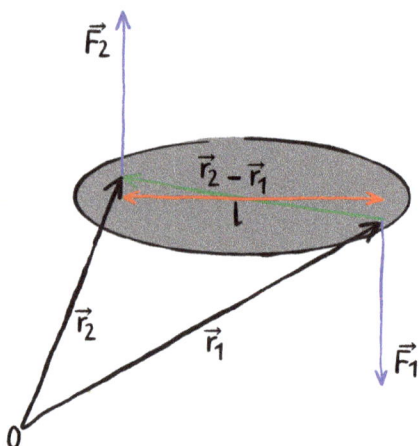

Abb. 6.5: Zwei an einen starrer Körper in den Punkten $\vec{r}_1$ und $\vec{r}_2$ in y-Richtung angreifende Kräfte führen zu einem Drehmoment.

Statisches Gleichgewicht des starren Körpers

Ein starrer Körper befindet sich im **statischen Gleichgewicht**, wenn sowohl die Vektorsumme der Kräfte als auch das gesamte Drehmoment in Bezug auf jede mögliche Drehachse einen Betrag von Null besitzt.

$$\sum_i \vec{F}_i = 0 \quad \text{und} \quad \sum_i \vec{M}_i = 0 \tag{6.8}$$

Verschiebung des Angriffspunktes einer Kraft entlang ihrer Wirkungslinie:

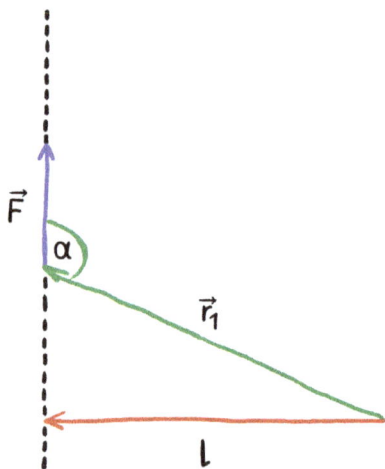

Abb. 6.6: Detaillierte Betrachtung eines Auszugs aus Abbildung 6.5 auf dieser Seite.

Durch Anwendung der trigonometrischen Funktionen kann der Ausdruck $\vec{r} \sin \alpha$ ersetzt werden (Abb. 6.6). Damit kann nun entsprechend einer Verschiebung des Angriffspunktes entlang der Wirkungslinie für beliebige Winkel α folgendes formuliert werden, was den vorher gefundenen Zusammenhang bestätigt (vgl. Formel (6.7)):

$$M = r \cdot F \cdot \sin \alpha \tag{6.9}$$

$$M = l \cdot F \tag{6.10}$$

6.3 Potentielle Energie und Massenmittelpunkt

Wie bereits auf Seite 39 erläutert wurde, besitzt jede einzelne Punktmasse im Schwerefeld der Erde eine potentielle Energie. Befindet sich diese Punktmasse auf der Höhe $z = 0$ so ergibt sich auch für die potentielle Energie ein Wert von Null. Wie kann nun die Definition der potentiellen Energie auf einen starren Körper mit beliebig vielen (N) Punktmassen übertragen werden?

Beispiel. Ein Baum kann beispielsweise als starrer Körper angesehen werden, wenn dieser in einem bestimmten Zeitpunkt betrachtet wird. Er besteht aus mehreren Punktmassen, deren Abstand ohne äußere Gewalt unveränderlich ist. Theoretisch könnte dieser Baum nun unterschiedliche potentielle Energien besitzen: Als Nullpunkt wird beispielsweise die tiefste in den Boden ragende Wurzelspitze festgelegt. In diesem Fall hätte der Baum in Bezug auf seinen Stamm eine geringere potentielle Energie als in Bezug auf einen sehr hochgelegenen Ast. Welche ist nun die „korrekte" potentielle Energie?

Um die potentielle Energie eines starren Körpers bestimmen zu können, muss der **Massenmittelpunkt** bestimmt werden. Das dazu benötigte Handwerk wurde bereits auf Seite 48 vermittelt. Die Höhenkoordinate z_M des Massenmittelpunkts kann analog zum Massenmittelpunkt $\vec{r}_M$ (vgl. Formel (5.10)) wie folgt bestimmt werden:

$$z_M = \frac{\int z \cdot dm}{m} \tag{6.11}$$

Die Summe der einzelnen Punktmassen kann hingegen als Integral abgebildet werden:

$$m = \int dm \tag{6.12}$$

Es ergibt sich nun für die potentielle Energie des starren Körpers:

$$E_{\text{pot}} = m \cdot g \cdot z_M \tag{6.13}$$

Die potentielle Energie des starren Körpers entspricht der Lageenergie der im Massenmittelpunkt vereinigt gedachten Gesamtmasse.

6.3.1 Fall einer inhomogenen Massenverteilung

Inhomogener Körper

Ein **inhomogener Körper** ist eine spezielle Form des starren Körpers, dessen Dichte ϱ über das Körpervolumen nicht konstant ist.

Die Schwerpunktermittelung kann für einen starren Körper mit homogener Massenverteilung relativ unkompliziert vorgenommen werden. Dieser Fall ist in Formel (6.11) dargestellt. Im Falle des inhomogenen Körpers muss die unterschiedliche Dichte berücksichtigt werden. Für die Berechnung der Dichte gilt allgemein:

$$\varrho = \frac{m}{V} \tag{6.14}$$

Ist diese nun über das Volumen nicht konstant, kann Formel (6.14) entsprechend umformuliert werden:

$$\varrho = \frac{dm}{dV} \tag{6.15}$$

Eine Umstellung nach dm und Einsetzen dieser Größe in Formel (6.11) ermöglicht die Berechnung der Höhenkoordinate z_M des starren inhomogenen Körpers. (Nicht vom Dreifachintegral erschrecken lassen, wir müssen jedes Volumenelement $dV = dxdydz$ mit Dichte und z-Koordinate gewichtet aufsummieren, z. B. entlang der Achsen.)

$$z_M = \frac{1}{m} \int \int \int z \cdot \varrho(x, y, z) dxdydz \tag{6.16}$$

Der allgemeine **Schwerpunktvektor** des starren Körpers ist entsprechend:

$$\boxed{\vec{r}_M = \frac{1}{m} \int \int \int \vec{r} \cdot \varrho(\vec{r}) dV} \tag{6.17}$$

Die Lage des Schwerpunkts eines starren Körpers übt einen entscheidenden Einfluss auf das statische Gleichgewicht aus. Jeder, der schon mal ein Stehaufmännchen betrachtet hat, wird festgestellt haben, dass bestimmte Körper stets in der Lage sind, in ihr statisches Gleichgewicht zurückzukehren. Diese Körper besitzen ein **stabiles Gleichgewicht**. Ein Körper, der hingegen nicht in der Lage ist, bei kleinen Störungen aus eigener Kraft in den Zustand seines Gleichgewichts zurückzukehren, besitzt ein **labiles Gleichgewicht**.

Die Bestimmung der Art eines Gleichgewichts kann mathematisch erfolgen und leitet sich aus der allgemeinen **Gleichgewichtsdefinition** her.

Gleichgewicht starrer Körper

Ein starrer Körper befindet sich im **Gleichgewicht**, wenn seine potentielle Energie einen Extremwert einnimmt.

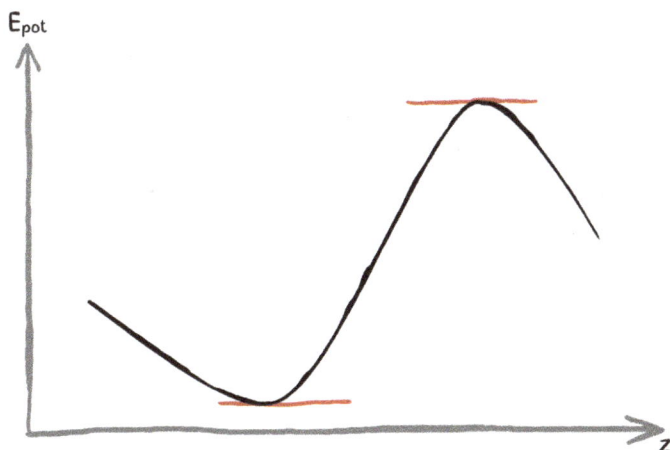

Abb. 6.7: Extremwertaufgabe der potentiellen Energie in Abhängigkeit der Höhenkoordinate z. Lokale Maxima und Minima sind Orte des Gleichgewichts.

Extremwertaufgabe mit erster und zweiter Ableitung, siehe Abbildung 6.7:

- Erste Ableitung: $\frac{dE_{pot}}{dz} = 0$.

- Zweite Ableitung: $\frac{d^2 E_{pot}}{dz^2} \overset{<}{\underset{>}{\gtrless}} 0$.

Der Wert der zweiten Ableitung gibt einen entscheidenden Hinweis auf den Zustand des Gleichgewichts. Weiterhin liegt nur dann ein Gleichgewicht vor, wenn es sich bei dem betrachteten Punkt um ein **Minimum oder Maximum** der Kurve handelt. Mathematisch können somit die folgenden Zustände ermittelt werden:

$$\frac{d^2 E_{pot}}{dz^2} \begin{cases} < 0 & \text{Maximum} \\ = 0 & \text{indifferent} \\ > 0 & \text{Minimum} \end{cases} \tag{6.18}$$

Falls die zweite Ableitung der Funktion $\frac{d^2 E_{pot}}{dz^2}$ einen Wert größer Null annimmt, wird allgemein vom Zustand des **Minimums** gesprochen. Das Minimum kennzeichnet den **stabilen Gleichgewichtszustand**. Handelt es sich hingegen um ein **Maximum**, so ist der **betrachtete Gleichgewichtszustand labil**. Beide Zustände sind modellhaft in Abbildung 6.8 auf der nächsten Seite dargestellt. Es ist klar zu erkennen, dass der Körper im Fall des stabilen Gleichgewichts (**a**) nach Auslenkung aus der Ruhelage stets selbstständig in seine Ausgangsposition (hier als Mulde dargestellt) zurückkehren kann. Im Gegensatz dazu führt eine kleine Störung des Körpers im labilen Gleichgewicht (**b**) zu einer nicht umkehrbaren Entfernung aus der Gleichgewichtslage: Der Körper rollt hinab und kann die Ausgangsposition nicht mehr selbstständig erreichen.

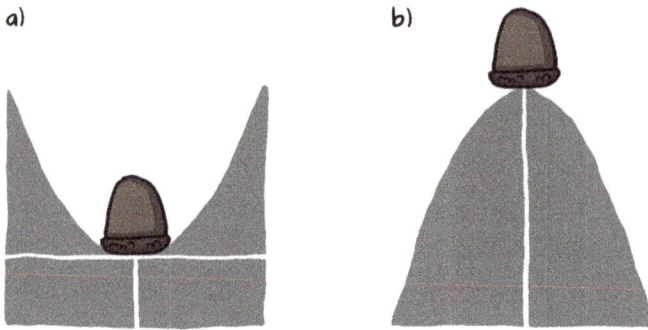

Abb. 6.8: Modell des a) stabilen Gleichgewichts und b) labilen Gleichgewichts.

6.4 Kinetische Energie und Trägheitsmoment

Auch bei ruhendem Schwerpunkt, sprich ohne Translation, kann ein starrer Körper **kinetische Energie der Rotation** aufweisen. Er besitzt demnach eine **Rotationsenergie**.

Beispiel. Beispiele für dieses Phänomen sind Schallplatten, die sich auf dem Plattenteller drehen, das Schwungrad eines Autos oder aber ein rotierender Kreisel, der sich nicht im Raum bewegt, sondern auf einer Stelle rotiert.

Für die Geschwindigkeit und kinetische Energie eines einzelnen Massenelements Δm_i ergibt sich nach den bereits bekannten Formeln:

$$v_i = \omega \cdot r_i \tag{6.19}$$

$$E_{\text{kin},i} = \frac{\Delta m_i}{2} \cdot v_i^2 \tag{6.20}$$

Die kinetische Energie kann mit Hilfe unserer bereits erworbenen Kenntnisse hergeleitet und vereinfacht werden:

$$E_{\text{kin}} = \sum_{i=1}^{N} \frac{\Delta m_i}{2} \cdot v_i^2 \tag{6.21}$$

$$= \frac{\omega^2}{2} \sum_{i=1}^{N} \Delta m_i \cdot r_i^2 \tag{6.22}$$

Für infinitesimal kleine Massenelemente dm gilt:

$$E_{\text{kin}} = \frac{\omega^2}{2} \cdot \int r^2 \, dm \tag{6.23}$$

Das dadurch entstandene Integral kann zu einer Größe zusammengefasst werden:

$$J_A = \int r^2 dm \qquad\qquad (6.24)$$

J_A kennzeichnet das **Trägheitsmoment** des starren Körpers um die Achse A. Es beschreibt die Massenverteilung des betrachteten starren Körpers bezogen auf die jeweilige Drehachse. Die kinetische Energie der Rotation kann schlussendlich wie folgt formuliert werden:

$$E_{\text{kin}} = \frac{J_A}{2} \cdot \omega^2 \qquad\qquad (6.25)$$

Bei gegebener Winkelgeschwindigkeit ω kann ein Körper mit größerem Trägheitsmoment, sprich mit größerem Radius bei gleicher Masse, mehr kinetische Energie der Rotation aufweisen bzw. speichern.

Zudem übt die Geometrie des Probekörpers einen entscheidenden Einfluss auf das Trägheitsmoment und die kinetische Energie der Rotation aus. Dieser Umstand soll am Beispiel des Hohl- und Vollzylinders überprüft werden:

Beispiel. *Vollzylinder mit Radius R, Dicke d und Dichte ϱ = const. bei symmetrischer Rotationsachse durch Schwerpunkt $J_A = J_S$ (mit Herleitung):*

$$J_S = \int r^2 dm \qquad\qquad |dm = \varrho \cdot dV$$

$$J_S = \int r^2 \cdot \varrho \cdot dV \qquad\qquad |dV_{\text{Zylinder}} = dA \cdot d$$

$$J_S = \varrho \cdot d \cdot \int r^2 dA \qquad\qquad |dA_{\text{Zylinder}} = r \cdot dr \cdot d\varphi$$

$$J_S = \varrho \cdot d \cdot \int_0^R \int_0^{2\pi} r^3 dr d\varphi = \varrho \cdot d \cdot \varphi \Big|_0^{2\pi} \cdot \int_0^R r^3 dr$$

$$J_S = \varrho \cdot d \cdot 2\pi \cdot \frac{r^4}{4}\Big|_0^R = \varrho \cdot d \cdot 2\pi \cdot \frac{R^4}{4} \qquad |m = \varrho \cdot V = \varrho \cdot d \cdot \pi \cdot R^2$$

$$J_S = \frac{m \cdot R^2}{2}$$

Beispiel. *Hohlzylinder (ohne Herleitung):*

$$J_S = m \cdot R^2$$

Weitere wichtige Trägheitsmomente können Formelsammlungen entnommen werden und müssen nicht hergeleitet werden. Neben der Geometrie ist die Schwerpunktlage des rotierenden Körpers während der Rotation von entscheidender Bedeutung. Es gilt der **Satz von Steiner**, siehe Abbildung 6.9 auf der nächsten Seite.

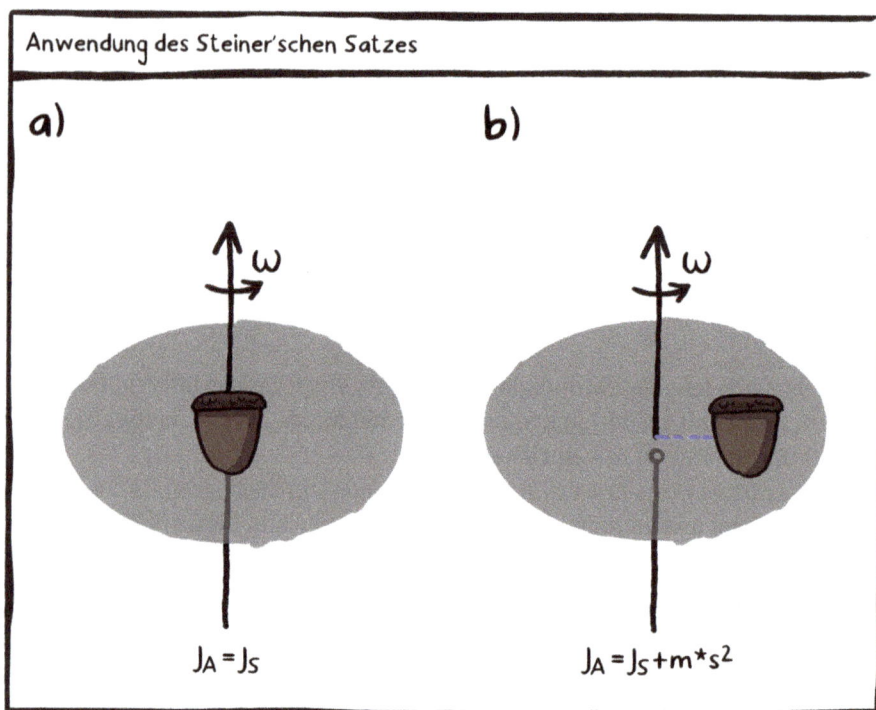

Abb. 6.9: a) Fall einer Rotation mit einfachem Trägheitsmoment und Rotationsachse durch den Schwerpunkt sowie b) Anwendungsfall des Steiner'schen Satzes.

6.5 Bewegungsgleichung rotierender starrer Körper

In diesem Abschnitt sollen weitere Größen der Rotation erläutert werden. Wie auch im Fall der Translation existiert eine separate Bewegungsgleichung für die Rotationsbewegung eines starren Körpers. Weiterhin muss eine Gleichung zur Berechnung der Arbeit und Leistung, die durch eine am starren Körper angreifende Kraft $\vec{F}$ verrichtet wird, hergeleitet werden. Am Ende dieses Abschnittes wird zudem ein Vergleich zwischen Größen der Translation und Rotation vorgenommen, mit dessen Hilfe die Berechnungen translatorischer Bewegungen starrer Körper erleichtert werden sollen.

Die Bewegungsgleichung der Rotation kann durch **Anwendung des zweiten Newton'schen Axioms** ermittelt werden. Zum Verständnis dieser Gleichung kann folgende Überlegung hilfreich sein: Nehmen wir an, wir haben eine Tortenplatte, die wir drehen möchten, um an ein schönes Stück Kuchen zu kommen. Wo müsste man an der Platte anfassen, um diese drehen zu können? Theoretisch gibt es folgende Möglichkeiten:

- die Platte wird am Rand angefasst oder;
- die Platte wird an irgendeinem Punkt zwischen der Drehachse und dem Rand angefasst.

Wäre es denn möglich, die Platte in der Drehachse (genau im Plattenmittelpunkt) zu drehen? Die Antwort lautet: Nein. Denn: **Um eine Rotationsbewegung zu erzeugen, muss ein Drehmoment M_A wirken.** Da unser Bezugspunkt im Fall der Tortenplatte der Plattenmitte entspricht, nimmt die Hebelarmlänge den Wert Null an, sobald die wirkende Kraft in diesem Punkt ihren Angriffspunkt hat. Nach der bereits eingeführten Definition des Drehmoments verschwindet das Kreuzprodukt aus Hebelarmlänge $\vec{r}$ und angreifender Kraft $\vec{F}$ bei $\vec{r} = 0$. Der Zusammenhang zwischen Drehmoment und Winkelbeschleunigung ergibt sich analog zur Newton'schen Bewegungsgleichung.

> ### Grundgesetz der Rotation
>
> Das **Grundgesetz der Rotation**, auch 2. Newton'sches Axiom für die Rotation genannt, beschreibt den linearen Zusammenhang von Winkelbeschleunigung $\alpha = \dot{\omega} = \ddot{\varphi}$ und angreifendem Drehmoment M_A (um die Achse A) über die Proportionalitätskonstante des Trägheitsmoments J_A (wirkt einer Rotationsänderung entgegen).
>
> $$M_A = J_A \cdot \dot{\omega} = J_A \cdot \alpha = J_A \cdot \ddot{\varphi} \qquad (6.27)$$

Als nächstes wird die verrichtete **Arbeit bei einer Drehung** um einen Winkel φ betrachtet. In ihrer translatorischen Definition ist uns die Arbeit bereits als Integral aus Kraft F und Weg s bekannt. Da im Fall einer Rotationsbewegung kein geradliniger Weg zurückgelegt wird, sondern ein Abschnitt einer Kreisbahn, muss s wie folgt ersetzt werden:

$$dW = F_s ds = F_s \cdot r d\varphi \qquad (6.28)$$

Der Ausdruck $F_s \cdot r$ ist uns wiederum als Drehmoment M_A bekannt. Die Rotationsarbeit einer angreifenden Kraft kann daher abschließend formuliert werden:

$$W = \int M_A d\varphi \qquad (6.29)$$

Die **Leistung** ist uns ebenfalls aus der Translation bekannt. Sie wird stets als verrichtete Arbeit pro Zeiteinheit definiert. Entsprechend ergibt sich für die Rotation folgende Gleichung der Leistung:

$$P = \frac{dW}{dt} = M_A \cdot \frac{d\varphi}{dt} \qquad (6.30)$$

$$= M_A \cdot \omega \qquad (6.31)$$

Neben dieser einfachen Umformung existiert eine weitere Herleitung der Leistung der Rotationsbewegung. In diesem Fall wird davon ausgegangen, dass **durch die Rota-**

tion keine Änderung der potentiellen Energie hervorgerufen wird. Die verrichtete Rotationsarbeit entspricht deshalb der kinetischen Energie der Rotation:

$$P = \frac{dW}{dt} = \frac{dE_{\text{kin}}}{dt} \tag{6.32}$$

$$= \frac{d}{dt}\left(\frac{J_A}{2} \cdot \omega^2\right) \tag{6.33}$$

$$= \frac{J_A}{2} \cdot 2\omega \cdot \dot{\omega} \tag{6.34}$$

$$P = J_A \cdot \omega \cdot \dot{\omega} \tag{6.35}$$

Um einen leichteren Umgang mit den vorgestellten Größen der Rotationsbewegung zu ermöglichen, werden diese in Tabelle 6.1 auf dieser Seite mit den bereits bekannten Kenngrößen der Translation verglichen. Bei der Gegenüberstellung neuer und alter Rechengrößen fällt auf, dass diese in ihrer Berechnung übereinstimmen.

Tab. 6.1: Vergleich von Rotation und Translation.

Translation		Rotation	
Weg $\vec{s}$	m	Winkel $\vec{\varphi}$	rad = 1
Geschwindigkeit $\vec{v} = \frac{d\vec{s}}{dt}$	$\frac{m}{s}$	Winkelgeschwindigkeit $\vec{\omega} = \frac{d\vec{\varphi}}{dt}$	$\frac{rad}{s} = \frac{1}{s}$
Beschleunigung $\vec{a} = \frac{d\vec{v}}{dt} = \frac{d^2\vec{s}}{dt^2}$	$\frac{m}{s^2}$	Winkelbeschleunigung $\vec{\alpha} = \frac{d\vec{\omega}}{dt} = \frac{d^2\vec{\varphi}}{dt^2}$	$\frac{rad}{s^2} = \frac{1}{s^2}$
Masse m	kg	Trägheitsmoment $J_A = \int r^2 dm$	$kg \cdot m^2$
Kraft $\vec{F} = m \cdot \vec{a} = \frac{d^2\vec{s}}{dt^2}$	$\frac{kg \cdot m}{s^2} = N$	Drehmoment $\vec{M}_A = \vec{r} \times \vec{F}$ $\vec{M}_A = J_A \cdot \vec{\alpha} = J_A \cdot \frac{d\vec{\omega}}{dt} = J_A \cdot \frac{d^2\vec{\varphi}}{dt^2}$	Nm
Arbeit $dW = \vec{F} \cdot d\vec{s}$	Nm = J	Arbeit $dW = \vec{M}_A \cdot d\vec{\varphi}$	Nm = J
Kinetische Energie $E_{\text{kin}} = \frac{m \cdot v^2}{2}$	Nm = J	Kinetische Energie $E_{\text{kin}} = \frac{J_A \cdot \omega^2}{2}$	Nm = J
Leistung $P = \frac{dW}{dt} = \vec{F} \cdot \vec{v}$	$W = \frac{J}{s}$	Leistung $P = \frac{dW}{dt} = \vec{M}_A \cdot \vec{\omega}$	$W = \frac{J}{s}$

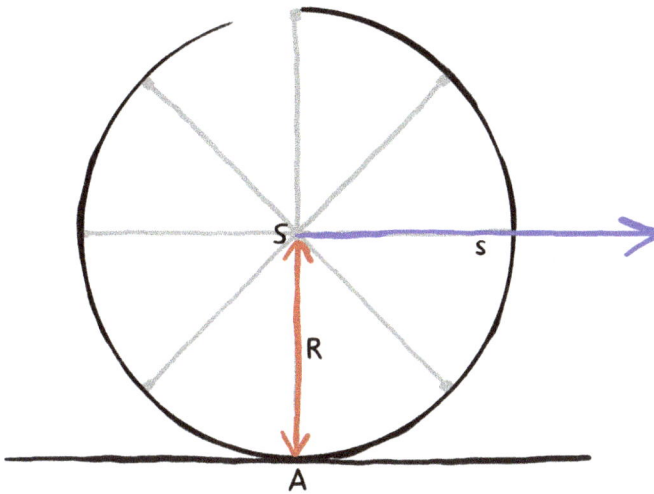

Abb. 6.10: Bewegung eines Rades mit Radius R.

6.6 Bewegung rotationssymmetrischer Körper

Die Bewegung eines Rades ist ein besonderer Fall der Starrkörperbewegung. Werden die Koordinaten eines definierten Massenpunktes des Rades betrachtet, so kann eine Bewegung bestehend aus **Translation und Rotation** festgestellt werden (siehe Abbildung 6.10). Die Berührung des Rades mit der Unterlage wird als **Ort der momentanen Drehachse** A aufgefasst.

Das Trägheitsmoment des rotationssymmetrischen Körpers (des Rades) ist zeitlich unveränderlich für alle Situationen des Bewegungsablaufs. **Die Überlagerung aus Rotation und Translation führt zur Rollbewegung.** $s(t)$ bildet die Bahnkoordinate dieser Bewegung. Unter der Annahme kleiner Wege kann diese über den Radius R und eine kleine Winkeländerung $d\varphi$ wie folgt formuliert werden:

$$ds = R \cdot d\varphi \tag{6.36}$$

Die Ableitung nach der Zeit führt auf die Geschwindigkeit sowie Beschleunigung der Rollbewegung:

$$\dot{s} = R \cdot \dot{\varphi} \tag{6.37}$$

$$\ddot{s} = R \cdot \ddot{\varphi} \tag{6.38}$$

Unter Zuhilfenahme von Formel (6.27) auf Seite 69 und $\ddot{\varphi} = \frac{\ddot{s}}{R}$ kann ein weiterer Ausdruck für die Größe $\ddot{s}$ hergeleitet werden. Die Bahnbeschleunigung $\ddot{s}$ kann nun aus komplett bekannten Größen berechnet werden:

$$\ddot{s} = \frac{R \cdot M_A}{J_A} \tag{6.39}$$

$$= \frac{R^2 \cdot F_S}{J_A} \tag{6.40}$$

Formel (6.40) soll nun am Beispiel eines Rades, was auf einer geneigten Ebene abrollt, erläutert werden. Die Kraft F_S greift am Schwerpunkt entlang der Bahnkomponente s an und ist in diesem Fall bereits aus vorangegangenen Betrachtungen bekannt:

$$F_S = m \cdot g \cdot \sin \alpha \tag{6.41}$$

Diese Kraft ist nach einer entsprechenden Wägung des Rades und Bestimmung der Bahnneigung problemlos zu berechnen. Mit Hilfe des **Steiner'schen Satzes** kann im Anschluss eine Formel für das Trägheitsmoment des vorliegenden Rades bestimmt werden:

$$J_A = J_S + m \cdot R^2 \tag{6.42}$$

Formel (6.40) kann nun durch Einsetzen beider Berechnungsgrößen eindeutig definiert werden:

$$\ddot{s} = \frac{R^2}{J_S + m \cdot R^2} \cdot m \cdot g \cdot \sin \alpha \tag{6.43}$$

$$= \frac{1}{1 + \frac{J_S}{m \cdot R^2}} \cdot g \cdot \sin \alpha \tag{6.44}$$

Es ist möglich, wie für die Bewegung einer Punktmasse, durch Integration aus Formel (6.44) die Ort-Zeit-Funktion zu gewinnen. Ein Vergleich lässt erkennen, dass jeder rotierende starre Körper eine geringere **Hangabtriebsbeschleunigung** besitzt als eine gleichschwere Punktmasse. Die Ursache dafür ist, dass ein Teil der Beschleunigungsarbeit der Kraft in Rotationsenergie umgewandelt wird.

6.7 Drehschwingung und Pendelschwingung

6.7.1 Drehschwingung

Die Bewegung einer Unruh ist ein einfaches Beispiel für die Drehschwingung starrer Körper. Eine Unruh besteht aus einer Spiralfeder, welche ein rücktreibendes Drehmoment liefert. Dieses Drehmoment ist das Produkt aus dem **Richtmoment** der Schraubenfeder D und dem Drehwinkel φ:

$$M_A = J_A \cdot \ddot{\varphi} = -D \cdot \varphi \tag{6.45}$$

Eine Umstellung dieser Formel ergibt die **Schwingungsgleichung**:

$$\ddot{\varphi} + \frac{D}{J_A} \cdot \varphi = 0 \tag{6.46}$$

Die Winkel-Zeit-Funktion der Drehschwingung kann **in Analogie zur harmonischen Schwingungsgleichung** (Abschnitt 2.4) formuliert werden:

$$\boxed{\varphi(t) = \varphi_m \cdot \cos(\omega \cdot t + \beta)} \tag{6.47}$$

Die Schwingungsdauer ist ebenfalls eine wichtige Kenngröße der Drehschwingung:

$$T = 2\pi \sqrt{\frac{J_A}{D}} \tag{6.48}$$

Es wird ersichtlich, dass mit Hilfe der Schwingungsdauer auch das Trägheitsmoment des drehschwingenden Körpers berechnet werden kann.

6.7.2 Pendelschwingung eines starren Körpers

Die **Pendelschwingung** des starren Körpers kann durch das Modell des physikalischen Pendels beschrieben werden. Die Herleitung des physikalischen Pendels erfolgt in Analogie zum bereits thematisierten mathematischen Pendel. Es unterscheidet sich jedoch durch Lösung der harmonischen Differentialgleichung, die sich aus dem Newton'schen Grundgesetz der Rotation zusammensetzt, entscheidend vom mathematischen Pendel. Das physikalische Pendel sei drehbar um eine Achse gelagert, die **außerhalb des Schwerpunkts** verläuft (Abbildung 6.11).

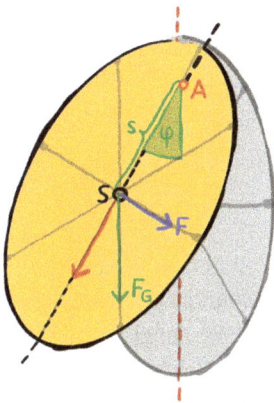

Abb. 6.11: Das physikalische Pendel.

Die rücktreibende Kraft $F = -mg \sin \varphi \approx -mg\varphi$ für kleine Winkel wirkt als Drehmoment der Rotation um die Achse A. Sie greift am Schwerpunkt S im Abstand s zu A an. Die Schwingungsdauer T hängt somit anders als im Falle des mathematischen Pendels von der Massenverteilung bzw. Masse ab. Es gilt:

$$J_A \cdot \ddot{\varphi} = -s \cdot mg\varphi \tag{6.49}$$

$$T = 2\pi \cdot \sqrt{\frac{J_A}{s \cdot mg}} \tag{6.50}$$

Der Begriff **reduzierte Pendellänge** l^* wird häufig im Zusammenhang mit der Thematik des physikalischen Pendels erwähnt. Bei der reduzierten Pendellänge handelt es sich um die Länge eines mathematischen Pendels, das bei gleicher Masse die selbe Schwingungsdauer wie ein starrer Körper aufweist.

$$\boxed{l^* = \frac{J_A}{ms} = \frac{J_S}{ms} + s} \tag{6.51}$$

6.8 Drehimpuls, Drehimpulserhaltung, Kreisel

Analog zum bereits erläuterten Impuls $\vec{p}$ für translatorische Bewegungen suchen wir nach einer **Erhaltungsgröße** für die Rotation.

! **Frage.** *Was passiert mit dem rotierenden System, wenn kein Drehmoment wirkt?*

$$\boxed{\vec{M}_A = \frac{d}{dt} \underbrace{(J_A \cdot \vec{\omega})}_{\equiv \vec{L}_A = \text{const.}} \overset{!}{=} 0 \qquad \left[\text{vgl.} \quad \vec{F} = \frac{d}{dt} \underbrace{(m \cdot \vec{v})}_{\equiv \vec{p} = \text{const.}} \overset{!}{=} 0 \right]} \tag{6.52}$$

Definieren wir den **Drehimpulsvektor** $\vec{L}_A$ **der Rotationsbewegung** um die Achse A (Rechtsschraube, mit dem entsprechenden Index versehen) gemäß:

$$\boxed{\vec{L}_A = J_A \cdot \vec{\omega}} \tag{6.53}$$

$$\boxed{[L_A] = 1 \, \frac{\text{kg} \cdot \text{m}^2}{\text{s}}} \tag{6.54}$$

Aus diesem Zusammenhang geht für ein Drehmoment $\vec{M}_A = 0$ hervor, dass auch die Änderung des Drehimpuls $\vec{L}_A$ einen Wert von Null annimmt. Damit ist der Drehimpuls in diesem Fall konstant. Nimmt das Drehmoment hingegen einen Wert ungleich Null ein, so verändert sich der Drehimpuls nach Betrag und/oder Richtung. Gleichzeitig kann das **Gesetz von der Erhaltung des Drehimpulses** definiert werden.

Drehimpulssatz
Wenn das äußere Drehmoment gleich Null ist, dann bleibt der Gesamtdrehimpuls konstant.

Innerhalb des Systems können jedoch sich gegenseitig aufhebende Änderungen von Teildrehimpulsen auftreten.

Beispiel. *Experiment zu Drehimpulserhalt am Drehstuhl* !

Ein Assistent setzt sich auf einen Drehstuhl mit einem Rotationsfreiheitsgrad um die vertikale Achse A. Drei Situationen können beobachtet und diskutiert werden:

- **Situation 1:** Sowohl Drehstuhl als auch Rad befinden sich zunächst in Ruhe. Die Summe der Drehmomente $\sum \vec{M}_A$ ist Null. Im nächsten Moment wird das Rad im System in Rotation versetzt. Der Assistent hält es so, dass Drehachse von Rad und Drehstuhl parallel zueinander liegen. Nachdem der Drehimpuls des Rades $\vec{L}_{Rad}$ einen Wert ungleich Null angenommen hat, dreht sich der Assistent auf dem Drehstuhl entgegen der Drehrichtung des Rades, mit gleich großem aber entgegengesetzt gerichtetem Drehimpuls $\vec{L}_{DS}$. Der Gesamtdrehimpuls des Systems bleibt auf dem Wert Null. Wird das Rad um 90° geneigt, so verschwindet der Drehimpuls des Drehstuhls.

$$\vec{L}_{DS} = -\vec{L}_{Rad} \qquad \vec{L}_{DS} = 0 \qquad \vec{L}_{DS} = -\vec{L}_{Rad}$$

- **Situation 2:** Das rotierende Rad, dessen Drehachse erneut parallel zur Drehachse des Drehstuhls angeordnet ist, wird von außen mit $\vec{L}_{Rad,\,0}$ an den ruhenden Assistenten übergeben. Auch bei reibungsarmer Lagerung verharrt der Assistent weiterhin in seiner Ruheposition. Wird das Rad nun abgesenkt, bedeutet dies eine Änderung der Drehimpulsrichtung. Es wirkt ein Drehmoment $\vec{M}_A$ entsprechend $\vec{M}_A = \dot{\vec{L}}_{Rad,\,A}$ auf das Rad und ein entgegengesetzt gerichtetes auf den Drehstuhl. Die Anordnung aus Assistent und Rad beginnt nun sich zu drehen. Der Drehimpuls des Drehstuhls verdoppelt sich, wenn das Rad und dessen Drehimpuls antiparallel zur vertikalen Achse weiter abgesenkt werden. Erneutes Aufrichten des Rades führt jeweils zu entgegengesetzt wirkenden Drehmomenten.

– **Situation 3:** Drehung ohne äußeres Drehmoment mit veränderlichem Trägheits-moment (Pirouette). Der Assistent verändert die Massenverteilung in Abhängigkeit des Abstandes zur Drehachse. Es gilt $\vec{L}_A = J_A \cdot \vec{\omega} = $ const. und jede Veränderung von J_A ändert entsprechend gegengesetzt $|\vec{\omega}|$. Dabei ändert sich auch die kinetische Energie der Rotation (durch aufgenommene Muskelkraft).

$$E_{Kin,1} = \frac{1}{2} J_{A,1}\, \omega_{A,1}^2 \quad < \quad E_{Kin,2} = \frac{1}{2} J_{A,2}\, \omega_{A,2}^2$$

Das zweite Newton'sche Axiom kann nun wie folgt durch Verwendung dieser Größe verallgemeinert werden:

$$\vec{M}_A = \frac{d}{dt}\vec{L}_A \tag{6.55}$$

Aus der Definition des Drehmoments folgt auch die allgemeine **Definition des Drehim-pulses** gegenüber eines beliebig festgelegten Bezugspunktes (Rechte-Hand-Regel):

$$\vec{M} = \vec{r} \times \vec{F} = \vec{r} \times \frac{d}{dt}\vec{p} \overset{\vec{v}\times\vec{p}=0}{=} \frac{d}{dt}(\vec{r} \times \vec{p}) \tag{6.56}$$

$$\boxed{\vec{L}_A = \vec{r} \times \vec{p}} \tag{6.57}$$

$$\boxed{[L_A] = 1\,\frac{kg \cdot m^2}{s} = 1\,N\,m \cdot s} \tag{6.58}$$

Wird die Rotation eines starren Körpers betrachtet, so müssen verschiedene Fälle unterschieden werden:

1. **Feste Achse:**
   Von den bereits beschriebenen drei Rotationsfreiheitsgraden kann nur ein Freiheitsgrad verändert werden. $\vec{L}$ kann in diesem Fall nur den Betrag ändern, jedoch nicht die Richtung.
2. **Achse kann ihre Richtung ändern:**
   In diesem Fall kann damit auch $\vec{L}_A$ seine Richtung ändern, falls $\vec{M}_{\perp A} \neq 0$ (Komponente senkrecht zur Achse ungleich Null):
   - **Kräftefreier Kreisel** (oder im Schwerpunkt gelagert) mit $\vec{M} = \dot{\vec{L}} = 0$:
     Falls *schief aufgezogen* – zusätzliche Komponente $\perp$ zur Figurenachse war wirksam. Die Bewegung der Figurenachse folgt dem **Nutationskegel** um eine im Raum feste Drehimpulsachse.
   - **Kreisel unter Krafteinwirkung** mit $\vec{M} = \dot{\vec{L}} \neq 0$:
     Die Drehimpulsachse weicht in Richtung von $\vec{M}$, also $\perp$ zu $\vec{F}$ (z. B. Gewichtskraft) und Schwerpunktvektor $\vec{r}_S$ aus. Diese Ausweichbewegung heißt **Präzessionsbewegung**.

Beispiel. *Experiment zu Kreiselbewegungen*

Ein Kreisel wird zum Drehen gebracht und die Zeitbewegung der Figurenachse und der Drehimpulsachse beobachtet. Man erkennt eine periodische „Nickbewegung" hoher Frequenz, die Nutation, die auch im kräftefreien Fall auftritt. Die Kreisbewegung der Drehimpulsachse wird durch das Drehmoment der Schwerkraft hervorgerufen und heißt Präzession, siehe Abbildung 6.12.

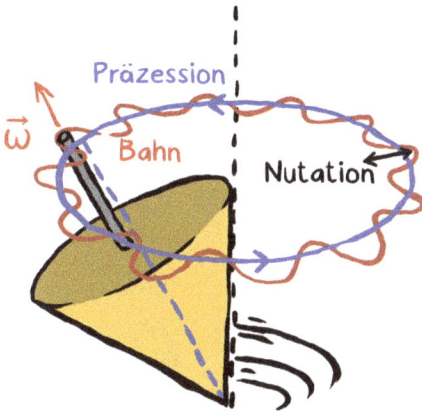

Abb. 6.12: Kreiselbewegungen.

Kapitelzusammenfassung

Statik

Drehmoment	$\vec{M} = \vec{r} \times \vec{F} \qquad M = Fr \sin \alpha$

Gleichgewicht:

Starrer Körper	$\sum_k \vec{F}_k = \vec{0} \qquad \sum_k \vec{M}_k = \vec{0}$
System mit einem Freiheitsgrad	$\dfrac{dE_p(x)}{dx} = 0$
Stabilitätskriterium	$\dfrac{d^2 E_p(x)}{dx^2} \begin{cases} > 0 & \text{stabil} \\ = 0 & \text{indifferent} \\ < 0 & \text{labil} \end{cases}$

Rotation starrer Körper

Winkelgeschwindigkeit	$\omega = \dfrac{d\varphi}{dt}$
Winkelbeschleunigung	$\alpha = \dfrac{d\omega}{dt}$
Grundgesetz der Rotation	$\vec{M} = \dfrac{d\vec{L}}{dt}$
Feste Achse	$M_A = J_A \alpha$
Drehimpuls	$L_A = J_A \omega$
Impulsmoment	$\vec{L} = \vec{r} \times m\vec{v} \qquad L = rmv \sin \alpha$
Arbeit	$W = \displaystyle\int M_A \, d\varphi$
Leistung	$P = M_A \omega$
Kinetische Energie	$E_k = \dfrac{J_A}{2} \omega^2$
Drehimpulserhaltungssatz	$\sum_k L_{A,k} = \text{const.}$
Trägheitsmoment	$J_A = \displaystyle\int r^2 \, dm$
Satz von Steiner	$J_A = J_S + ms^2$

Spezielle Trägheitsmomente:

Vollzylinder	$J_S = \dfrac{1}{2} mr^2$
Vollkugel	$J_S = \dfrac{2}{5} mr^2$
Hohlkugel (dünnwandig)	$J_S = \dfrac{2}{3} mr^2$
Drehmoment einer Drillachse	$M_A = -D\varphi$
Schwingungsdauer physikalisches Pendel	$T = 2\pi \sqrt{\dfrac{J_A}{mgs}}$
Schwingungsdauer Drehschwingung	$T = 2\pi \sqrt{\dfrac{J_A}{D}}$

7 Mechanik deformierbarer Körper

https://doi.org/10.1515/9783111030272-007

Deformierbarer Körper

Ein **deformierbarer Körper** ist unter der Wirkung von Kräften verformbar. Seine Form bleibt nicht zwangsläufig erhalten.

Wohingegen bisher vom sogenannten **starren Körper** gesprochen wurde, wird nun der Begriff des **deformierbaren Körpers** verwendet. Die Kraft, welche auf den deformierbaren Körper wirkt, wird in den kommenden Betrachtungen stets auf seine Oberfläche bezogen. Die dadurch resultierende physikalische Größe wird **mechanische Spannung** σ genannt.

Mechanische Spannung

Die **mechanische Spannung** σ stellt eine Kraft dar, welche auf eine definierte Oberfläche bezogen auf eine Flächeneinheit wirkt.

$$\sigma_{\text{ges}} = \frac{F_S}{A} \tag{7.2}$$

$$[\sigma] = 1\,\frac{\text{N}}{\text{m}^2} = 1\,\text{Pa}$$

Durch Zerlegung der angreifenden Kraft F_S (Abb. 7.1) können zwei Arten von Spannungen unterschieden werden: die **Normalspannung** σ und die **Tangentialspannung** τ.

Die Normalspannung ist als Quotient aus Normalkraft und Wirkfläche der Kraft definiert. Im Gegensatz dazu stellt die Tangentialspannung, auch Schubspannung genannt, den Quotienten aus Tangentialkraft und Wirkfläche dar.

$$\sigma = \frac{F_N}{A} \tag{7.3}$$

$$\tau = \frac{F_t}{A} \tag{7.4}$$

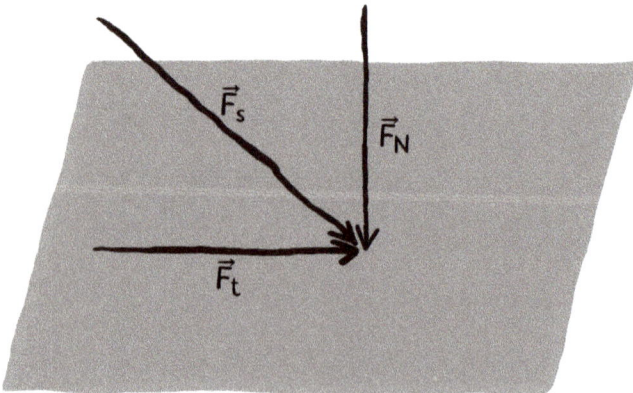

Abb. 7.1: Zerlegung der angreifenden Kraft $\vec{F}_S$ in ihre Normal- $\vec{F}_N$ und Tangentialkomponente $\vec{F}_t$.

Die Verformung eines Körpers kann hinsichtlich ihrer Folgen für die Gestalt des Körpers in **elastische** und **plastische** (auch un- oder inelastische) Verformung unterschieden werden:

a) Bildet sich die Verformung **vollständig zurück**, so verhält sich der Körper **elastisch**.

b) Bleibt die Verformung **zumindest teilweise erhalten**, verhält sich der Körper **plastisch**.

Für jeden Körper existiert ein Spannungsbereich, in dem er elastisch verformbar ist. Oberhalb einer bestimmten Spannung wird an diesem Körper jedoch eine bleibende Verformung verzeichnet. Diese stoffspezifische Spannung wird **Elastizitätsgrenze** genannt. Wenn eine plastische Verformung entsteht, wurde die **Elastizitätsgrenze** überschritten.

Im Gegensatz zur plastischen Verformung folgt die elastische Verformung dem **Hooke'schen Gesetz**.

Hooke'sches Gesetz

Die Verformungen sind den Spannungen **direkt proportional**.

Der Zusammenhang zwischen elastischem und plastischem Verhalten kann gut anhand eines Gummibandes beschrieben werden. Wird das Band gezogen, so kehrt es bis zu einem bestimmten Kraftbereich in seine Ausgangsform zurück. Es verhält sich elastisch. Wird dieser Bereich überschritten, beginnt das Gummiband zunächst auszuleiern. Ab diesem Moment beginnt der plastische Deformationsbereich des Gummibandes. Dieser Bereich endet in der Zerstörung des Bandes.

Dehnung, Kompression, Biegung und Scherung stellen bekannte Spezialfälle der elastischen Verformung dar. Diese werden im kommenden Unterkapitel genauer definiert.

7.1 Dehnung

Die **Dehnung** eines deformierbaren Körpers wird durch das Anbringen einer Zugspannung hervorgerufen (Abb. 7.2). Ein Beispiel dafür ist das Ziehen an einem Gummiband.

Das Verhältnis aus Längenänderung und Ausgangslänge ergibt über die Materialkonstante des **Elastizitätsmoduls** E für die Dehnung:

$$\frac{\Delta l}{l} = \frac{\sigma}{E} \tag{7.5}$$

Die Dehnung eines Körpers schließt auch eine Verminderung seiner Dicke ein. Dieser Umstand ist eine logische Konsequenz aus der Annahme der Volumenkonstanz: Wird

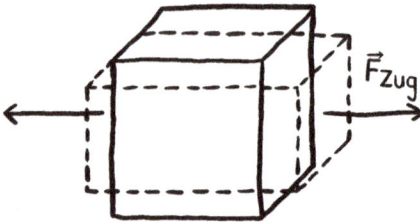

Abb. 7.2: Dehnung eines deformierbaren Körpers durch Zugbelastung.

die Ausdehnung des Körpers in einer Richtung des Raumes vermindert, muss mindestens eine weitere Größe auf diese Änderung der Geometrie reagieren. In diesem Fall bezeichnet man diese Reaktion als **Querkontraktion mit der Poissonzahl** μ. Es gilt:

$$\boxed{\frac{\Delta b}{b} = -\mu \frac{\Delta l}{l}}$$

(7.6)

7.2 Kompression

Die **Kompression** eines deformierbaren Körpers zeichnet sich durch allseitige Volumenänderung aus (Abb. 7.3). Entsprechend wirken allseitig Spannungen. Ein gutes Beispiel für eine Kompression stellt das Drücken eines Schaumstoffballs in der Handfläche dar. Auch in diesem Fall wirken allseitig Spannungen, solange die Hand den kleinen Ball komplett umschließt.

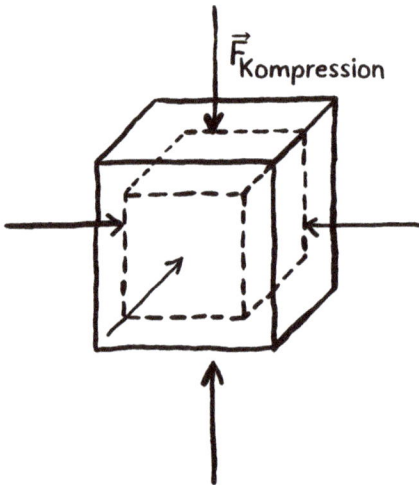

Abb. 7.3: Kompression eines deformierbaren Körpers durch Druckbelastung.

Die Kompression kann mit dem Verhältnis aus Volumenänderung und Ausgangsvolumen mittels der Materialkonstante des **Kompressionsmodul** K bei gegebenem Druck p bestimmt werden:

$$\frac{\Delta V}{V} = -\frac{p}{K} \qquad (7.7)$$

7.3 Scherung

Die **Scherung** eines deformierbaren Körpers wird durch das Angreifen von Tangentialkräften hervorgerufen. Diese **greifen an paarweise gegenüberliegenden Flächen** an (Abb. 7.4).

Ein gutes Beispiel für die Scherbelastung ist das Abscheren von Karten, die sich in einem Kartenstapel befinden. Der Stapel wird dann, beispielsweise beim Zug einer Karte, abgeschert.

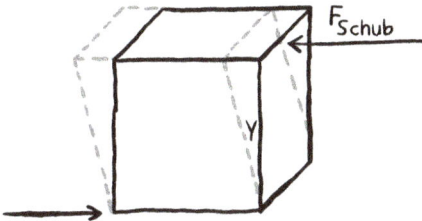

Abb. 7.4: Scherung eines deformierbaren Körpers durch Scherbelastung.

Der durch die Scherung hervorgerufene Scherwinkel γ kann über die Materialgröße des **Schubmoduls** G und die Tangentialspannung τ berechnet werden:

$$\gamma = \frac{\tau}{G} \qquad (7.8)$$

7.4 Materialgrößen der elastischen Verformung

Der Elastizitätsmodul E, der Schubmodul G, der Kompressionsmodul K und die Poissonzahl μ stellen die Materialgrößen der elastischen Verformung dar. Der Elastizitätsmodul stellt dabei den Zusammenhang aus Spannung und Dehnung des linear elastischen Probekörpers her. Er wird entsprechend beim Stauchen und Strecken eines Körpers verwendet. Der Schubmodul verknüpft Spannung und Dehnung des elastisch deformierten Körpers. Im Gegensatz zum Elastizitätsmodul wird er jedoch unter Einwirken einer Schub- oder Torsionsspannung verwendet. Mit Hilfe der Poissonzahl ist es schließlich möglich, beide Materialgrößen zu verbinden.

Die Materialgrößen E, μ und G sind richtungsabhängig. Diese Richtungsabhängigkeit wird auch als **Anisotropie** bezeichnet. Alle kristallinen Körper sind entsprechend **anisotrope Körper**. Ein Körper, der keine Richtungsabhängigkeit in seinen Materialgrößen aufweist, ist ein **isotroper Körper**. Für isotrope Körper gelten die folgenden Zusammenhänge:

$$\frac{1}{K} = \frac{3 \cdot (1 - 2\mu)}{E} \tag{7.9}$$

$$\frac{1}{G} = \frac{2 \cdot (1 + \mu)}{E} \qquad \left(0 \leq \mu \leq \frac{1}{2} \right) \tag{7.10}$$

7.5 Biegung

Die **Biegung** nimmt einen hohen Stellenwert innerhalb **technischer Betrachtungen** ein, insbesondere der Statik. Ihre charakteristische Größe ist der **Biegungspfeil** δ, der die Auslenkung des freien Endes (Angriffspunkt der Kraft F) eines einseitig eingespannten Balkens der Länge l kennzeichnet.

$$\delta = \frac{1}{3} \cdot \frac{l^3}{E \cdot J_F} \cdot F \tag{7.11}$$

Die Materialverteilung kann über das **Flächenträgheitsmoment 2. Grades** J_F (quadratische Gewichtung, vgl. Formel (7.12)) beschrieben werden. η ist der Abstand des jeweiligen Flächenelements von der **Neutralen Faser**. Diese kennzeichnet den Bereich, in welchem wegen Verschwinden der Spannung keine Längenänderung auftritt und verläuft durch den geometrischen Schwerpunkt des Querschnitts. Auf der einen Seite der Neutralen Faser wird das Material gedehnt, auf der anderen gestaucht.

$$J_F = \int \eta^2 dA \tag{7.12}$$

Biegespannungen treten beispielsweise als typische Belastungsformen von Brücken auf. Eine genaue Betrachtung der Biegebelastung ist deshalb zur sicheren Auslegung einer Brückenkonstruktion unumgänglich.

7.6 Torsion

Eine spezielle Form der Scherung ist die **Torsion**. Die Torsion, auch Drillung genannt, wird durch ein Kräftepaar eingeleitet, welches Grund- und Deckfläche eines Probekörpers (z. B. eines Drahtes oder Zylinders, Abb. 7.5) gegeneinander verdreht. Die Ursache der Verformung kann entsprechend durch ein Drehmoment bzw. **Torsionsmoment** $\vec{M}_A$

beschrieben werden. Sie wird über den **Drillwinkel** φ charakterisiert. Da die Art der Verformung als elastisch angesehen wird, befindet sich der entstehende Drillwinkel in Proportionalität zum Betrag des Drehmoments M_A.

Beispiel. *Torsion eines zylinderförmigen Stabes*

Unter Berücksichtigung des Schubmoduls G kann für einen zylinderförmigen Stab mit Radius r und Länge l folgender mathematische Zusammenhang gefunden werden:

$$\varphi = \underbrace{\frac{2\,l}{\pi\,r^4\,G}}_{\text{Materialgröße}} M_A \qquad (7.13)$$

Durch die starke Abhängigkeit des Drillwinkels φ des Drahtes vom Radius r zur 4. Potenz ist das Torsionsgesetz sehr empfindlich gegenüber kleinsten verformenden Drehmomenten M_A bzw. entsprechenden Kraftwirkungen. Die Wirkungsweise kommt als Messprinzip u. a. in Drehwaagen zur Anwendung. Reziprokwert des Proportionalitätsfaktors ist das **Richtmoment** D, welches auch das rückwirkende Drehmoment $M_A' = -M_A$ gleichen Betrags (Newton 3) beschreibt und gemäß folgender Schwingungsgleichung für das freie System zur **Torsionsschwingung** führt.

$$\boxed{M_A' = -D\,\varphi = J_A\,\ddot{\varphi}} \qquad (7.14)$$

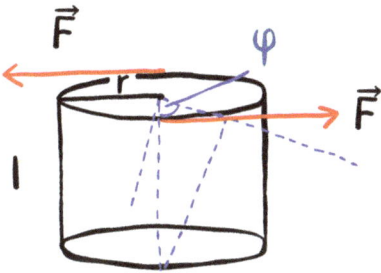

Abb. 7.5: Torsion eines Zylinders um den Drillwinkel φ.

Kapitelzusammenfassung

> **!**
>
> ### Verformung fester Körper
>
> Hooke'sches Gesetz:
>
> | | |
> |---|---|
> | Dehnung | $\dfrac{\Delta l}{l} = \dfrac{\sigma}{E} \qquad \sigma = \dfrac{F_n}{A}$ |
> | Kompression | $\dfrac{\Delta V}{V} = -\dfrac{p}{K}$ |
> | Scherung | $\gamma = \dfrac{\tau}{G} \qquad \tau = \dfrac{F_t}{A}$ |
> | Querkontraktion | $\dfrac{\Delta b}{b} = -\mu \dfrac{\Delta l}{l}$ |
>
> Zusammenhang der elastischen Konstanten $\qquad E = 3K(1 - 2\mu) = 2G(1 + \mu)$
>
> Biegung eines Balkens:
>
> | | |
> |---|---|
> | Flächenmoment 2. Grades | $J_F = \displaystyle\int \eta^2 dA$ |
> | Biegungspfeil (Last am Ende) | $\delta = \dfrac{l^3}{3EJ_F} F$ |
>
> Torsion eines Zylinders:
>
> | | |
> |---|---|
> | Drillwinkel | $\varphi = \dfrac{2l}{\pi G r^4} M_A$ |

8 Ruhende Flüssigkeiten und Gase

https://doi.org/10.1515/9783111030272-008

Die Atome und Moleküle von Flüssigkeiten und Gasen lassen sich nahezu beliebig gegeneinander verschieben. Dadurch können sich diese Stoffe **jeder Form von Gefäßen anpassen.** Der Quotient aus der Normalkraft F_N, die dabei auf die Gefäßfläche wirkt, und der Größe der Gefäßoberfläche A wird **Druck p** genannt.

Druck

Der **Druck p**, den ein Gas oder eine Flüssigkeit auf eine Oberfläche auswirkt, beschreibt das Verhältnis aus der wirkenden Normalkraft und der Größe der Oberfläche.

$$p = \frac{F_N}{A} \tag{8.1}$$

$$[p] = 1\,\frac{N}{m^2} = 1\,Pa \qquad \text{(Pascal)}$$

Eine Besonderheit des Drucks ist, dass dieser in einem Medium **stets allseitig und in gleicher Stärke** wirkt. Innerhalb eines Glases Wasser wird entsprechend jeder Punkt der Glasoberfläche gleich stark durch das im Glas befindliche Wasser belastet.

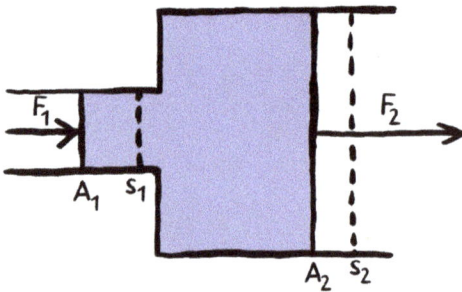

Abb. 8.1: Kolben mit zwei Stempelwänden.

Diese Aussage soll in Abbildung 8.1 bei Betrachtung des Drucks durch einen **Kolben** auf eine Flüssigkeit, den sogenannten **Stempeldruck**, weiter veranschaulicht werden. Innerhalb des dargestellten Kolbens existieren zwei Druckwände A_1 und A_2. Eine Verschiebung der Wand A_1 um s_1 bedingt eine Verschiebung der Wand A_2 um s_2. In beiden Fällen wird eine Verschiebungsarbeit verrichtet. Durch die bedingte Verschiebung der Wand A_2 gilt:

$$W_1 = F_1 \cdot s_1 = F_2 \cdot s_2 = W_2 \tag{8.2}$$

Gleichzeitig wird gemäß dieser Formel eine Energieerhaltung ohne Reibungsverluste vorausgesetzt. Der Kolben sei des Weiteren dicht, sodass seine Masse und sein Volumen als konstant angenommen werden können. Aus $\Delta V = \text{const.}$ folgt:

$$A_1 \cdot s_1 = V = A_2 \cdot s_2 \qquad (8.3)$$

Eine Division des Energieerhaltungssatzes (8.2) durch Formel (8.3) liefert den gewünschten Ausdruck der allseitig gleich großen Wirkung des Drucks p:

$$p_1 = \frac{F_1}{A_1} = \frac{F_2}{A_2} = p_2 = p \qquad (8.4)$$

Dieser Umstand findet seine Anwendung in der Hydraulik. Eine kleine Kraft auf einer kleinen Kolbenfläche kann über einen zweiten Kolben mit großer Fläche eine große Kraftwirkung hervorbringen. Dieser Aufbau wird auch **Hydraulikzylinder** genannt.

8.1 Flüssigkeiten im Schwerefeld der Erde

Schon im alten Ägypten konnten perfekt horizontale ungeneigte Fundamente installiert werden. Um eine perfekt ebene Fläche zu konstruieren, wurde schon damals die Eigenschaft von Flüssigkeiten ausgenutzt, unter dem Einfluss der Schwerkraft immer einen waagerechten Oberflächenspiegel zu zeigen (Abb. 8.2).

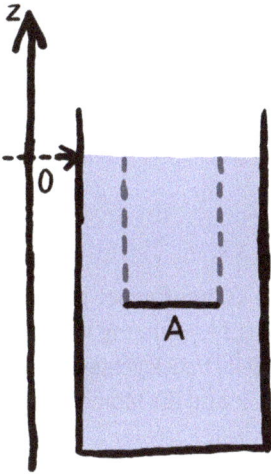

Abb. 8.2: Fläche A in der Wassertiefe z erfährt einen Schweredruck aufgrund der darüber befindlichen Flüssigkeitssäule.

In der dargestellten Tiefe z ist auch ohne Stempeldruck eine Kraftwirkung auf die Fläche A messbar. Die Ursache dieser Kraft ist die Gewichtskraft der Flüssigkeitssäule, welche sich über A befindet. Entsprechend gilt bei gegebener Dichte ϱ der Flüssigkeit für den wirkenden Druck:

$$p = \frac{F_G}{A}$$
$$= \frac{m \cdot g}{A}$$
$$= \frac{V \cdot \varrho \cdot g}{A}$$
$$= \frac{A \cdot |z| \cdot \varrho \cdot g}{A}$$

$$\boxed{p = -\varrho g z} \tag{8.5}$$

Der gemäß Formel (8.5) definierte Druck wird als **Schweredruck** bezeichnet. Mit Höhenwerten unter dem definierten Nullpunkt nimmt er zu. **Sein Betrag steigt linear mit der Tiefe. Er ist zudem unabhängig von der Form des verwendeten Gefäßes**, da lediglich die Höhenkoordinate z entscheidend für seine Ausprägung ist. Dieser Umstand wird auch **hydrostatisches Paradoxon** genannt.

Beispiel. Eine Staumauer mit dahinter befindlichem Wasser ist ein einfaches Beispiel dafür. Der Druck, welcher auf diese Staumauer ausgeübt wird, ist von der Höhe des Wasserstandes, nicht aber von der Flächenausdehnung des Stausees abhängig. Die Staumauer eines kleinen Stausees wird entsprechend genau so stark belastet, wie die eines großen Stausees.

Auch in Gasen tritt ein Schweredruck auf. Im Unterschied zum bereits behandelten Schweredruck in Flüssigkeiten ist in diesem Fall auch die **Gasdichte** ϱ_0 ein entscheidender Faktor. Unter der Annahme konstanter Temperatur und einer konstanten Fallbeschleunigung g im gesamten Höhenbereich ergibt sich der Schweredruck eines Gases mit einem Referenzpunkt $z = 0$ auf Meereshöhe (p_0, ϱ_0) zu:

$$p = p_0 \cdot e^{-\frac{\varrho_0 \cdot g \cdot z}{p_0}} \tag{8.6}$$

Formel (8.6) ist auch unter der Bezeichnung **barometrische Höhenformel** bekannt. Ein häufiges Anwendungsgebiet dieser Formel stellt die Höhenbestimmung während des Ballonfahrens dar. Um die Höhe zu ermitteln wird der aktuelle Druck gemessen. Mit Hilfe dieser Größe kann nach der Höhenkoordinate z umgestellt und die Momentanhöhe berechnet werden.

8.2 Luftdruckmessung mittels Schweredruck

Um den **Luftdruck** mit Hilfe des Schweredrucks einer Flüssigkeit bestimmen zu können, wird zunächst ein einseitig geschlossenes U-Rohr benötigt. Nachdem dieses auf der geöffneten Seite mit einer Flüssigkeit befüllt worden ist, kann eine **Höhendifferenz der Flüssigkeitssäulen** auf der linken und rechten U-Rohr-Seite (siehe Abbildung 8.3) festgestellt werden.

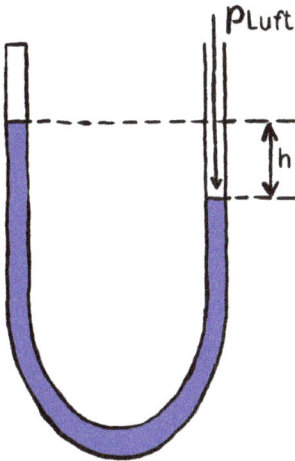

Abb. 8.3: Aufbau zur Bestimmung des Luftdrucks.

Der Druck p kann nun über die Verwendung der Schweredruckformel berechnet werden. Diese ergibt sich für die beschriebene Anordnung als:

$$p = \varrho \cdot g \cdot h \qquad (8.7)$$

Da dieser Versuchsaufbau häufig unter der Verwendung der Flüssigkeit Quecksilber auftritt, wird er auch **Quecksilberbarometer** genannt.

8.3 Hydrostatischer Druck und Auftriebskraft

Hydrostatischer Druck

Die Summe aus Stempeldruck und Schweredruck wird als **hydrostatischer Druck** bezeichnet.

Der hydrostatische Druck stellt eine wichtige Größe bei der Betrachtung ruhender Flüssigkeiten und Gase dar.

Neben dem hydrostatischen Druck ist auch die Definition des Begriffs „Auftrieb" von Bedeutung für die kommenden Betrachtungen. Wie bereits erläutert, wird ein Körper innerhalb eines Mediums einem allseitigen Druck ausgesetzt. Entgegen der Gewichtskraft des Körpers wirkt die sogenannte **Auftriebskraft**.

Abbildung 8.4 zeigt einen quadratischen Körper, welcher sich in einer Flüssigkeit befindet. Wie aus der Skizze hervorgeht, sind die an den Seitenflächen angreifenden Kräfte in der Lage, einander durch gleiche Beträge und entgegengesetzte Wirkrichtung zu kompensieren. Die Differenz der Kräfte F_1 und F_2 liefert hingegen einen Wert ungleich Null. Diese Größe stellt die **Auftriebskraft** F_A des Körpers dar:

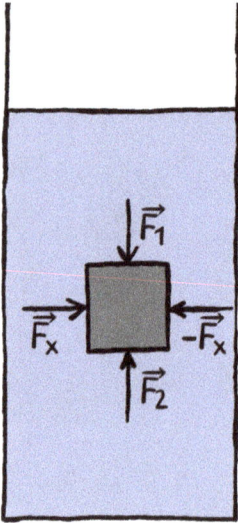

Abb. 8.4: Wirkende Kräfte aufgrund der Allseitigkeit des Drucks in einem geeigneten Medium, beispielsweise einer Flüssigkeit oder einem Gas.

$$F_A = F_2 - F_1$$
$$= (h_2 - h_1) \cdot \varrho \cdot g \cdot A$$
$$= \Delta h \cdot g \cdot A \cdot \varrho_{Fl}$$

$$F_A = m_{Fl} \cdot g \tag{8.8}$$

Die Auftriebskraft entspricht damit der Gewichtskraft der verdrängten Flüssigkeit. Dieser Umstand ist unter dem Namen „Archimedisches Prinzip" bekannt.

Die Ausprägung der Auftriebskraft gibt weiterhin Auskunft über den Zustand eines Probekörpers innerhalb des Mediums. Es können folgende Fälle unterschieden werden:

- $F_A > F_{G, \text{Körper}}$: **Schwimmen.**
- $F_A = F_{G, \text{Körper}}$: **Schweben.**
- $F_A < F_{G, \text{Körper}}$: **Sinken.**

Alle drei Fälle können beispielsweise bei der Fahrt eines U-Bootes beobachtet werden. Um die unterschiedlichen Zustände einzustellen, wird die Masse des U-Bootes durch die unterschiedliche Beladung des Tanks mit Wasser variiert. Um ein stabiles Schwimmen des U-Bootes zu garantieren, müssen Gewichts- und Auftriebskraft wie in Abbildung 8.5 gezeigt angreifen.

Ein Körper schwimmt immer stabil, wenn der Angriffspunkt der Schwerkraft des Körpers (am Schwerpunkt *S*) tiefer als der Angriffspunkt der Auftriebskraft (am Volumenmittelpunkt *M*) liegt.

Bedingung für das stabile Schwimmen

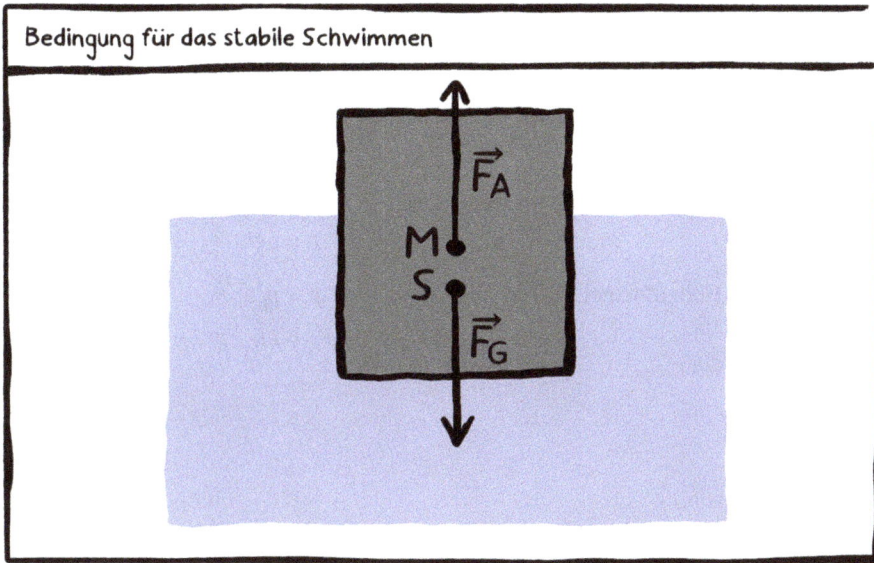

Abb. 8.5: Stabiles Schwimmen eines Körpers.

Kapitelzusammenfassung

! **Ruhende Flüssigkeiten und Gase**

Druck	$p = \dfrac{F}{A}$
Schweredruck	$p = \varrho g h$
Barometrische Höhenformel	$p = p_0 e^{-\frac{\varrho_0 g z}{p_0}}$
Auftrieb	$F_A = m_{\mathrm{Fl}} \cdot g$

9 Strömung der idealen und realen Flüssigkeit

https://doi.org/10.1515/9783111030272-009

9.1 Strömung der idealen Flüssigkeit

Ideale Flüssigkeit
Die **ideale Flüssigkeit** ist eine inkompressible Flüssigkeit ohne Reibungskräfte während der Bewegung. Durch ihre Inkompressibilität kann keine Änderung des Volumens festgestellt werden. Sie zeichnet sich weiterhin durch eine fehlende Wärmeleitfähigkeit und Oberflächenspannung aus.

Um die Strömung der idealen Flüssigkeit zu verstehen, muss zunächst die Begrifflichkeit „Strömung" charakterisiert werden. Die Strömung ist ein **physikalisches Phänomen gasförmiger und flüssiger Medien**, die mit Hilfe der folgenden Begriffe hinreichend genau beschrieben werden kann:

- **Bahnlinien:** Die Bewegung der Teilchen, welche der Strömung folgen, geschieht entlang von Bahnlinien. Diese Bahnlinien kennzeichnen demnach die Teilchenbewegung im gesamten Zeitintervall der Strömung.
- **Stromlinien:** Stromlinien stellen die Bahnlinien verschiedener Teilchen zu einer definierten Zeit dar. Sie können entsprechend als „Schnappschuss" der Bewegung der Teilchen innerhalb der Strömung angesehen werden.
- **Stationäre Strömung:** Eine Strömung, deren Stromlinienbild zu jedem Zeitpunkt gleich ist, wird stationäre Strömung genannt.
- **Stromröhre:** Die Stromröhre stellt eine imaginäre Volumeneinheit der betrachteten Teilchen innerhalb der Strömung dar. Sowohl die strömenden Teilchen innerhalb des Elements als auch jene, welche die Mantelfläche der Stromröhre bilden, werden dazugezählt. Für eine Stromröhre gilt, dass die Wand der Röhre von den in ihr fließenden Teilchen der Flüssigkeit nicht durchbrochen wird.

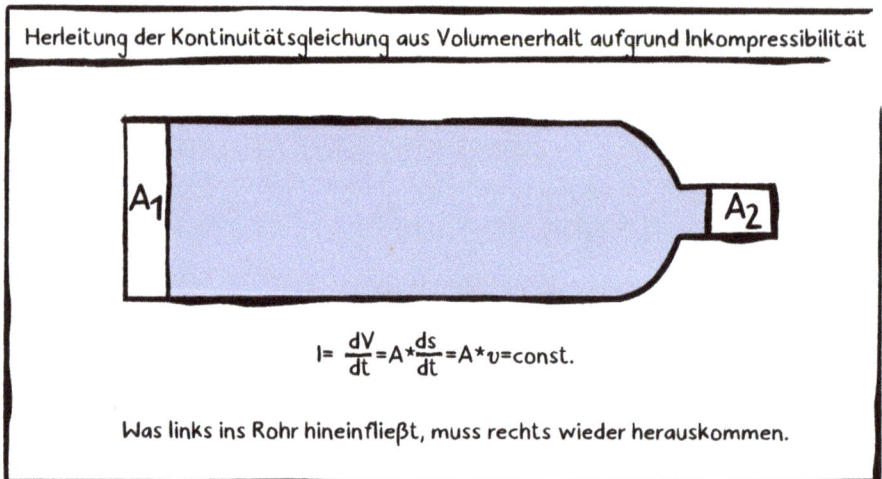

Herleitung der Kontinuitätsgleichung aus Volumenerhalt aufgrund Inkompressibilität

A_1

A_2

$$I = \frac{dV}{dt} = A * \frac{ds}{dt} = A * v = const.$$

Was links ins Rohr hineinfließt, muss rechts wieder herauskommen.

Abb. 9.1: Kontinuitätsgleichung.

In Abbildung 9.1 wird die **Kontinuitätsgleichung** der Strömung einer idealen Flüssigkeit mit konstanter **Stromstärke** I hergeleitet:

$$I = A \cdot v = \text{const.} \tag{9.1}$$

Was passiert nun, wenn die betrachtete Stromröhre innerhalb des Schwerefelds der Erde in einen Zusammenhang mit potentieller und kinetischer Energie gebracht wird? Um diese Frage zu klären, wird das Schaubild in Abbildung 9.2 verwendet.

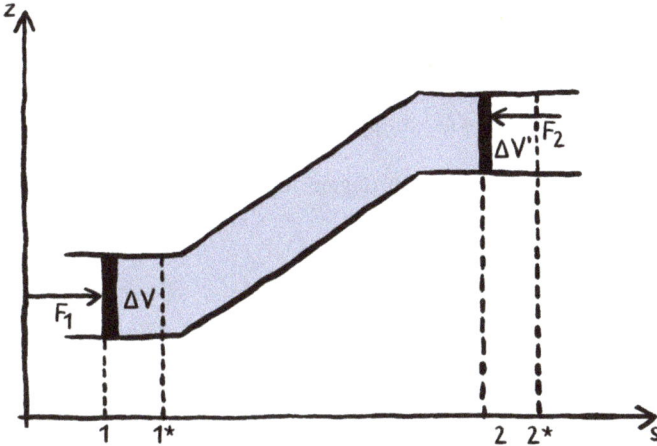

Abb. 9.2: Kräfte an einer Stromröhre bei Verschiebung eines Volumenelements ΔV zu $\Delta V'$ mit auftretender Höhendifferenz der Schwerpunkte von ΔV und $\Delta V'$.

Die an der Stromröhre angreifende Kraft F_1 wirkt am Ende des Volumens gegen eine Kraft F_2. Die Ursache dieser Kraft ist ein Druck p_2, der auf das Volumenelement wirkt. Neben dieser Kraft wirkt, bedingt durch die auftretende Höhendifferenz, eine Kraft gegen das Schwerefeld der Erde. Nach einer bestimmten Zeit Δt befindet sich die Flüssigkeit aufgrund der wirkenden Kräfte nicht mehr in der Position 1 und 2, sondern wurde zu dem Wegabschnitt 1^* und 2^* transportiert. Entsprechend wurde durch das Wirken der äußeren Kraft ein Transport der Flüssigkeitsmenge, die durch das Stromröhrenelement symbolisiert wird, ermöglicht. Die bewegte Flüssigkeit kann als Masse Δm wie folgt mathematisch dargestellt werden:

$$\Delta m = \varrho \cdot \Delta V = \varrho \cdot A \cdot v \cdot \Delta t \tag{9.2}$$

Durch die auftretenden Höhen- und Geschwindigkeitsunterschiede können zudem folgende Energieänderungen im Stromröhrenelement festgestellt werden:

$$\Delta E_{\text{pot}} = \varrho \cdot \Delta V \cdot g \cdot (z_2 - z_1) \tag{9.3}$$

$$\Delta E_{kin} = \frac{1}{2} \cdot \varrho \cdot \Delta V \cdot (v_2^2 - v_1^2) \tag{9.4}$$

Durch die Kräfte F_1 und F_2 wird zudem eine Arbeit verrichtet. Wie bereits erwähnt, stellt der von außen wirkende Druck die Ursache für das Auftreten der Kräfte dar. Gemäß des bereits bekannten Zusammenhanges aus Druck und wirkender Kraft, können die Kräfte F_1 und F_2 mathematisch erfasst werden:

$$F_1 = p_1 \cdot A_1 \tag{9.5}$$
$$F_2 = p_2 \cdot A_2 \tag{9.6}$$

Entsprechend kann die verrichtet Arbeit W_1 und W_2 analog beschrieben werden:

$$W_1 = F_1 \cdot \Delta s_1 = p_1 \Delta V \tag{9.7}$$
$$W_2 = -F_2 \cdot \Delta s_2 = -p_2 \Delta V \tag{9.8}$$

W_1 stellt die **durch** F_1 verrichtete Arbeit dar. Im Gegensatz dazu ist W_2 die **gegen** F_2 verrichtete Arbeit. Die gesamte verrichtete Arbeit des Systems ergibt sich nun als:

$$W_{ges} = (p_1 - p_2) \cdot \Delta V \tag{9.9}$$

Da die betrachtete Flüssigkeit eine **ideale Flüssigkeit** darstellt, kann der **Energieerhaltungssatz der Mechanik** angewendet werden:

$$W_{ges} = \Delta E_{pot} + \Delta E_{kin}$$
$$(p_1 - p_2) \cdot \Delta V = \varrho \Delta V g(z_2 - z_1) + \frac{1}{2} \varrho \Delta V (v_2^2 - v_1^2) \tag{9.10}$$

Eine Division durch ΔV sowie ein Sortieren der mit 1 und 2 indizierten Größen auf die jeweils rechte und linke Seite der Gleichung liefert die sogenannte **Bernoulligleichung**:

$$p + \varrho \cdot g \cdot z + \frac{\varrho}{2} \cdot v^2 = \text{const.} = p_{ges} \tag{9.11}$$

Die Bernoulligleichung besteht aus den Komponenten statischer Druck, Schweredruck und **Staudruck** (auch **dynamischer Druck** genannt). Sie gilt auch als Energieerhaltungssatz der Hydrodynamik.

Der **Gesamtdruck** p_{ges} kann dann mittels der angegebenen Bernoulligleichung berechnet werden. Es ist jedoch auch möglich, seine einzelnen Komponenten experimentell zu ermitteln.

9.1.1 Messsonden für die einzelnen Druckformen

In diesem Kapitel sollen nun die Messinstrumente zur Bestimmung des wirkenden Drucks thematisiert werden.

Die Messung des statischen Drucks kann durch den Einsatz von **statischen Druck-sonden** (siehe Abbildung 9.3) realisiert werden. Diese Sonden bedienen sich der Allsei-tigkeit des wirkenden Druckes.

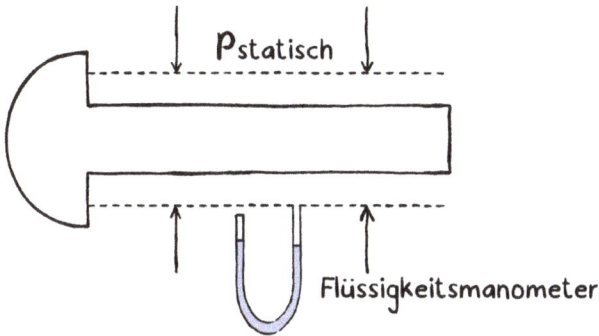

Abb. 9.3: Darstellung einer statischen Drucksonde.

Um den Gesamtdruck p_{ges} der Bernoulligleichung bestimmen zu können, wird das sogenannte **Pitot-Rohr** verwendet, das nur vorn am Staupunkt geöffnet ist. Eine Kom-bination der Drucksonde und des Pitot-Rohrs kann als Messsonde des Staudrucks ver-wendet werden. Diese Sonde wird auch **Prandtl'sches Staurohr** genannt (siehe Abbil-dung 9.4).

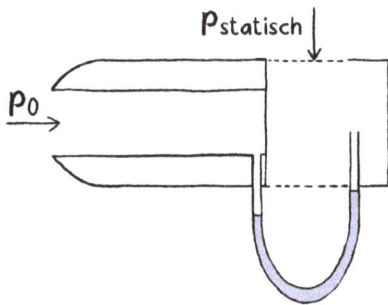

Abb. 9.4: Darstellung des Prandtl'schen Staurohrs zur Messung des Staudrucks.

9.2 Strömung der realen Flüssigkeit

Reale Flüssigkeit

Die **reale Flüssigkeit** ist eine Flüssigkeit mit wirkenden Reibungskräften während des Strömungsprozesses. Aufgrund dieser Kräfte kommt es zu einem Energieverlust, der sich in einem Geschwindigkeitsgradient innerhalb der Strömungsfront wider-spiegelt.

Im Gegensatz zur Strömung der idealen Flüssigkeit muss im Falle der realen Flüssigkeit auch die **innere Reibung** der an der Strömung beteiligten Teilchen beachtet werden. Um diesen Umstand hinreichend genau erfassen zu können, eignet sich die Einführung des Begriffs der **laminaren Strömung**. Ein derartiges Strömungsbild kann beobachtet werden, sobald die betrachteten Flüssigkeitsteilchen bzw. -schichten mit unterschiedlichen Geschwindigkeiten aufeinander gleiten.

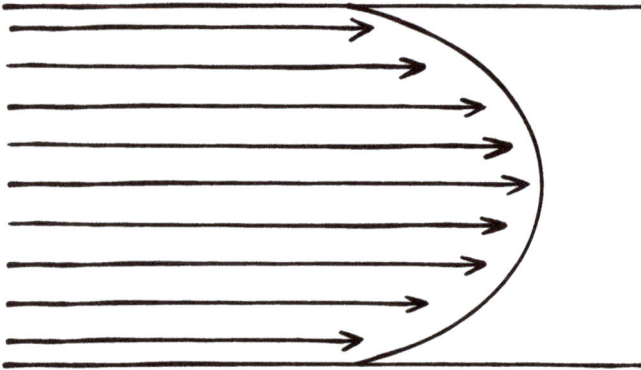

Abb. 9.5: Strömungsbild der laminaren Strömung.

Aufgrund der Reibung am Randbereich der Strömungsfront kommt es zu einem **Energieverlust der randnahen Strömungsteilchen**. Dadurch kann die Ausbildung eines **parabelförmigen Geschwindigkeitsprofils** der realen Strömung betrachtet werden (siehe Abbildung 9.5). Weiterhin kann im direkten Vergleich zum Modell der idealen Flüssigkeit eine Relativbewegung der Schichten bzw. Strömungsteilchen der Flüssigkeit beobachtet werden. Auch zwischen diesen Schichten können Reibungskräfte F_R festgestellt werden. Diese Reibung wird auch **innere Reibung** genannt.

Die innere Reibung kann durch verschiedene Faktoren beeinflusst werden. Darunter zählen die involvierte Fläche A, sowie die Eigenschaft der **dynamischen Viskosität** η. Diese Abhängigkeiten führen zur Einstellung des Geschwindigkeitsgefälles senkrecht zur Strömungsrichtung $\frac{dv}{dh}$. Es gilt gemäß des **Newton'schen Reibungsgesetzes**:

$$F_R = \eta \cdot A \cdot \frac{dv}{dh} \tag{9.12}$$

Eine wichtige Anwendung dieses Zusammenhanges ist in Form des **Gesetzes von Hagen und Poiseuille** festgehalten. Mit Hilfe dieses physikalischen Zusammenhanges kann die Strömung einer realen Flüssigkeit innerhalb eines Rohres der Länge l bestimmt werden. Für die **Stromstärke I** der realen Strömung kann folgendes formuliert werden:

$$I = \frac{\pi \cdot r^4 \cdot (p_1 - p_2)}{8 \cdot \eta \cdot l} \tag{9.13}$$

Aus diesem Zusammenhang kann geschlussfolgert werden, dass eine Veränderung des Rohrdurchmessers r einen weitaus signifikanteren Einfluss auf die Stromstärke ausübt, als dies durch eine Manipulation des Druckgradienten Δp möglich ist.

Wird hingegen die Bewegung eines kugelförmigen Körpers in einer Flüssigkeit betrachtet, gilt das **Stokes'sche Reibungsgesetz**. Dieses Gesetz berücksichtigt, dass lediglich in einem engen Bereich um die Kugeloberfläche Reibung beobachtet werden kann. Dieser Umstand ist vor allem mit der sehr stabilen und günstigen kugelförmigen Gestalt des jeweiligen Probekörpers begründbar. Diese Reibungskraft wird wie folgt bestimmt:

$$F_R = 6\pi \cdot \eta \cdot r \cdot v \tag{9.14}$$

Entsprechend des Stokes'schen Reibungsgesetzes kann vermutet werden, dass **unterschiedliche Körpergeometrien auch unterschiedliche Widerstände** auf die Strömung der realen Flüssigkeit ausüben. Diese Widerstände werden anhand der Reibungskräfte F_R wirksam. Der Widerstand eines Körpers beliebiger Geometrie kann ermittelt werden gemäß des Zusammenhangs:

$$F_R = c_w \cdot \frac{\varrho}{2} \cdot v^2 \cdot A \tag{9.15}$$

Der **Widerstandsbeiwert** c_w ist von der Geometrie des Körpers abhängig, der der Strömung der realen Flüssigkeit entgegensteht. Für den sogenannten stromlinienförmigen Probekörper ergibt sich so ein Widerstandsbeiwert von $c_w = 0{,}056$, wohingegen eine gewöhnliche Halbkugel den Wert $c_w = 1{,}5$ besitzt.

Beispiel. Eine wichtige Anwendung dieses Zusammenhangs ist die Gestalt eines **Tragflügels**. Aufgrund seiner Ausformung, die auf einer Seite die günstige Wölbung besitzt, ist es möglich einen dynamischen Auftrieb des jeweiligen Flugzeuges zu gewährleisten. Dieser Umstand bewirkt, dass Flugzeuge beispielsweise auch während des Gleitens nicht zu Boden sinken.

Aufgrund der schrägen Anstellung des Flügels gegen den Wind, der dadurch nach unten gerichteten Ablenkung der Luftteilchen an der Unterseite und der zusätzlichen Krümmung der Tragfläche ist der Druckunterschied zur Oberseite des Flügels negativ (Abb. 9.6, Druck oben deutlich geringer als unten). Diese Druckdifferenz bedingt auch eine entsprechende Geschwindigkeitserhöhung an der Tragflügeloberseite im Vergleich zur Tragflügelunterseite. Zusätzlich spielt die Wirbelbildung an den Tragflügelenden eine wichtige Rolle für den dynamischen Auftrieb. Diese Wirbel werden auch *Auftriebswirbel* genannt.

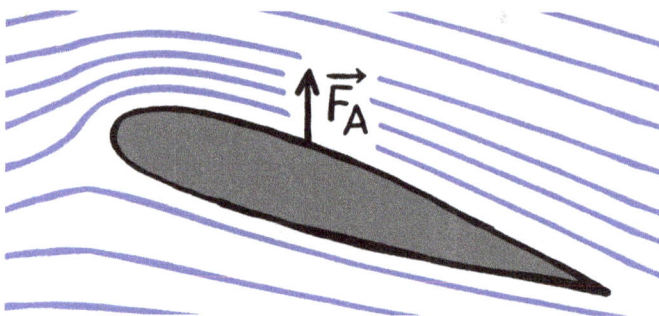

Abb. 9.6: Typische Gestalt einer Tragfläche für eine nach links gerichtete Flugrichtung.

Um eventuell auftretende Größenunterschiede zwischen Dichte, Geschwindigkeit, Viskosität und Länge des umströmenden Körpers zu überbrücken, wird die **Reynolds'sche Zahl** Re verwendet:

$$Re = \frac{\varrho \cdot l \cdot v}{\eta} \qquad (9.16)$$

Für bestimmte Körper können **kritische Reynolds'sche Zahlen** definiert werden. Diese kennzeichnen den Übergang zwischen laminarer und **turbulenter Strömung**.

Kapitelzusammenfassung

Strömung der idealen Flüssigkeit

Kontinuitätsgleichung

$$Av = \frac{dV}{dt} = I = \text{const.}$$

Bernoulli'sche Gleichung

$$p + \rho g z + \frac{\rho}{2}v^2 = p_0 = \text{const.}$$

Strömung realer Flüssigkeiten

Laminare Strömung (Newton)

$$F_R = \eta A \frac{dv}{dh}$$

Stokes'sches Reibungsgesetz

$$F_R = 6\pi\eta r v$$

Hagen–Poiseuille'sches Gesetz

$$I = \frac{\pi r^4}{8\eta l}\Delta p$$

Widerstandsgesetz

$$F_R = c_w \frac{\rho}{2}v^2 A$$

Reynolds'sche Zahl

$$Re = \frac{\rho l v}{\eta}$$

10 Beschleunigtes Bezugssystem

Die Bewegungen der Körper, die bisher betrachtet worden sind, konnten stets anhand eines ortsfesten Koordinatensystems beschrieben werden. Ein solches Koordinatensystem liefert einen festen Bezugspunkt. Dies gilt auch, wenn mehrere Betrachter auf das System zugreifen. In diesem Kapitel sollen nun Koordinatensysteme beobachtet werden, die eine Bewegung im Raum vollführen.

10.1 Bewegungsgleichung im gleichförmig bewegten Bezugssystem

Durch die Einführung eines weiteren Bezugssystems, welches gegenüber dem ortsfesten System eine **Geschwindigkeit** $\vec{v}$ = **const.** besitzt, kann nun ein **bewegtes Bezugssystem** hergeleitet werden (Abb. 10.1).

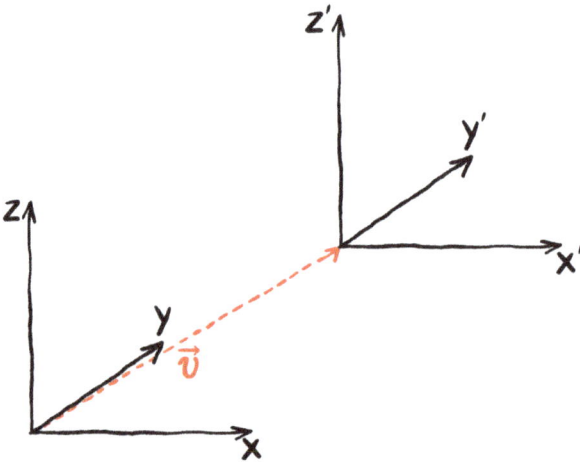

Abb. 10.1: Darstellung des bewegten Bezugssystems.

Das neu eingeführte System mit den Koordinaten x', y' und z' kann durch **Koordinaten-Transformation** aus dem bereits bekannten, ortsfesten Koordinatensystem gewonnen werden:

$$x' = x - v_x \cdot t$$
$$y' = y - v_y \cdot t$$
$$z' = z - v_z \cdot t \tag{10.1}$$

Die Produkte $v_x \cdot t$, $v_y \cdot t$ und $v_z \cdot t$ ergeben jeweils die Weglänge, um die das neue bewegte Bezugssystem gegenüber dem herkömmlichen ortsfesten System verschoben werden muss.

Frage. *Wie wirkt sich diese Änderung des Koordinatensystems aber auf die Bestimmung* ❗
von Beschleunigungen und damit auf die Messung von Kraftwirkungen aus?

Um diese Frage beantworten zu können, muss zunächst die zweite Ableitung nach der
Zeit gebildet werden:

$$\ddot{x}' = \ddot{x}$$
$$\ddot{y}' = \ddot{y}$$
$$\ddot{z}' = \ddot{z} \tag{10.2}$$

Aus der zweiten Ableitung geht hervor, dass keine Änderung der Kraftwirkung durch
eine gleichförmige Bewegung des Bezugssystems zu beobachten ist. Entsprechend ergibt sich kein Unterschied der Newton'schen Bewegungsgleichung für zwei Bezugssys-
teme, die sich relativ zueinander mit zeitlich konstanter Geschwindigkeit bewegen. In
diesem Fall wird auch vom **Relativitätsprinzip** der Newton'schen Mechanik gesprochen.

10.2 Trägheitskraft im geradlinig beschleunigten Bezugssystem

Das eingeführte bewegte Bezugssystem habe nun eine **zeitlich veränderliche Geschwindigkeit** gegenüber dem uns bereits bekannten ortsfesten Koordinatensystem.
Wie werden nun unterschiedliche physikalische Gegebenheiten von einem Beobachter
im ortsfesten und beschleunigt bewegten System wahrgenommen?

Beispiel. *Versuchsperson im nach unten beschleunigten Fahrstuhl* ❗

– **Beobachter im ortsfesten Bezugssystem:**
  Der Beobachter sieht die beschleunigte Bewegung in Richtung des Erdbodens. Es
  bedarf keiner Erweiterung der bisherigen Darstellung.
– **Beobachter im beschleunigten Bezugssystem:**
  Der Beobachter hat keine Kenntnis von der beschleunigten Bewegung. Er stellt allerdings die Entlastung der Schwerkraft fest. Damit muss eine zusätzliche Kraft
  eingeführt werden, die an die Eigenschaft der Trägheit der Masse gebunden ist. Diese wird **Trägheitskraft** genannt.

Für den Körper im beschleunigten Bezugssystem gilt daher:

Ruhebedingung im beschleunigten Bezugssystem
**Ein Körper ruht in einem beschleunigten Bezugssystem, wenn die Summe der
eingeprägten Kräfte und der Trägheitskräfte gleich Null ist.**

Beispiel. *Betrachtung einer anfahrenden Straßenbahn*

Ein Körper der Masse m kann nur dann bezüglich eines Betrachters innerhalb der Straßenbahn im Zustand der Ruhe verbleiben, wenn die eingeprägte Kraft $\vec{F} = m \cdot \vec{a}$ durch eine Kraft gleichen Betrages und entgegengesetzter Richtung kompensiert wird (Abb. 10.2). Der in der Straßenbahn sitzende Beobachter deutet dieses Verhalten als **Auftreten einer Trägheitskraft** $\vec{F}_T = -m \cdot \vec{a}$.

Abb. 10.2: Eine Straßenbahn als beschleunigtes Bezugssystem.

10.3 Rotierendes Bezugssystem und Zentrifugalkraft

Bisher wurde die Bahnform, welche das bewegte Bezugssystem gegenüber dem ortsfesten einnimmt, stets als geradlinig definiert. Im folgenden Unterkapitel soll nun die Betrachtung eines **rotierenden Bezugssystems** im Vordergrund stehen. Das bewegte Bezugssystem führt also eine Rotationsbewegung gegenüber dem ortsfesten System aus.

Ein Körper der Masse m befinde sich bezüglich des rotierenden Beobachters in Ruhe (siehe Abbildung 10.3). Der ortsfeste Beobachter sieht hingegen, dass die Scheibe unter dem rotierenden Beobachter eine **Kreisbewegung** beschreibt. Damit muss für den ortsfesten Beobachter die **Radialbeschleunigung** $\vec{a}_r$ wirken.

Der rotierende Beobachter interpretiert das Verhalten hingegen als Auftreten einer Trägheitskraft vom Betrag $m \cdot \omega^2 \cdot r$ und nennt diese **Zentrifugalkraft** $\vec{F}_Z$. Diese wirkt radial nach außen und muss von ihm mit einer zum Rotationszentrum hin gerichteten Gegenkraft gleichen Betrags ausgeglichen werden, damit er im rotierenden System an Ort und Stelle verbleibt.

$$F_Z = m \cdot \omega^2 \cdot r \tag{10.3}$$

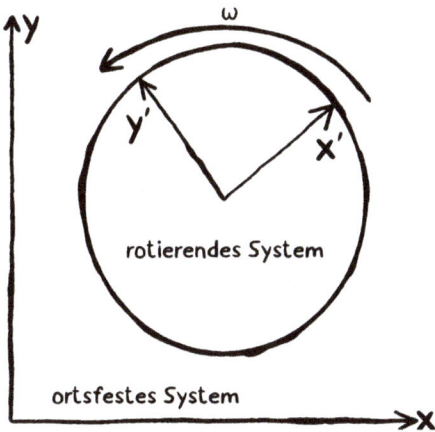

Abb. 10.3: Das rotierende Bezugssystem.

Fallbeschleunigung im Zusammenhang mit der Zentrifugalkraft:

Wir betrachten nun die Rotation der Erde um ihre Achse und den damit verbundenen **Einfluss auf die Zentrifugalkraft an verschiedenen Erdpunkten** (Abb. 10.4). Zum einen sei ein beliebiger Punkt E auf der Nordhalbkugel der Erde markiert, der nun mit dem Punkt A auf dem Äquator verglichen werden soll.

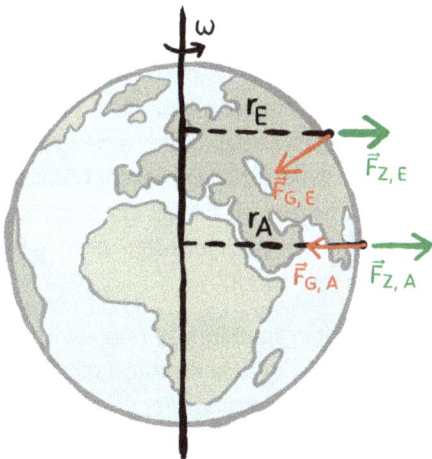

Abb. 10.4: Zentrifugalkräfte an unterschiedlichen Orten auf der Erde.

Durch die unterschiedlichen Erdradien r_E und r_A in den Punkten E und A treten auch verschiedene Zentrifugalkräfte $\vec{F}_{Z,E}$ und $\vec{F}_{Z,A}$ auf. Diese berechnen sich entsprechend:

$$|\vec{F}_{Z,E}| = m \cdot \omega \cdot r_E^2$$

$$|\vec{F}_{Z,A}| = m \cdot \omega \cdot r_A^2$$

Aufgrund dieser unterschiedlichen Zentrifugalkräfte, können folgende Annahmen getroffen werden:

- Am Äquator wird die Gravitationskraft durch die größere Zentrifugalkraft mehr geschwächt als am Punkt E.
- Die resultierende auf die Masse wirkende Kraft ist auf dem Äquator am geringsten.

10.4 Corioliskraft

Zusätzlich tritt im rotierenden Bezugssystem eine weitere Trägheitskraft, die **Corioliskraft**, auf. Diese Kraft wird, wie auch die Zentrifugalkraft, benötigt, um die Kraftwirkung infolge der Trägheit bei Bezugnahme auf das rotierende Bezugssystem vollständig beschreiben zu können. Dies gilt, solange sich der Körper bezüglich des Bezugssystems bewegt.

Für die Corioliskraft F_C gilt:

$$\vec{F}_C = 2m \cdot (\vec{v} \times \vec{\omega}) \tag{10.4}$$

Die Corioliskraft steht demnach senkrecht auf dem Vektor der Geschwindigkeit $\vec{v}$ und ebenfalls senkrecht auf dem Vektor der Winkelgeschwindigkeit $\vec{\omega}$.

! **Beispiel.** Zur Beschreibung dieser Kraft soll als Beispiel ein Stein betrachtet werden, der in die Höhe geworfen wird. Dieser Stein erreicht nach seinem Aufstieg den **Punkt der maximalen potentiellen Energie**, um dann zur Erde zurückzukehren. Während er fällt, dreht sich die Erde unter ihm aber weiter. Theoretisch schlägt der Stein also nicht mehr auf dem selben Fleck Erde auf, von dem aus er hochgeworfen worden ist. Die Kraft, welche zu diesem Phänomen führt, ist die Corioliskraft.

! **Beispiel.** Der Wurf einer Kugel mit der Geschwindigkeit $\vec{v}$ (Abbildung 10.5) ist ein weiteres Beispiel für die Corioliskraft. Ein ruhender Beobachter B_1 sieht die Kugel geradlinig auf sich zukommen. Ein im bewegten System befindlicher Beobachter B_2 stellt fest, dass er ein ursprünglich anvisiertes Ziel verfehlt. Die Kugel beschreibt gegenüber dem bewegten System eine **krummlinige Bahn**. Der Beobachter in diesem bewegten System schreibt dieses Phänomen einer Trägheitskraft zu. Diese Trägheitskraft ist die Corioliskraft. Der Beobachter im ruhenden System betrachtet die Corioliskraft nicht. Er sieht ja, dass sich das bewegte System während des Fluges der Kugel weiterdreht.

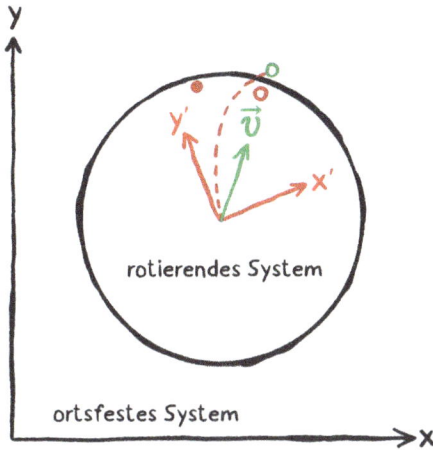

Abb. 10.5: Auftreten der Corioliskraft für die Bewegung einer Kugel mit Geschwindigkeit $\vec{v}$, deren Bahn vom bewegten Beobachter B_2 (roter Punkt, offen zur Startzeit der Kugelbewegung vom Ursprung aus) im System (x', y') mit gekrümmter Trajektorie wahrgenommen wird. Der ruhende Beobachter B_1 (grüner Punkt) sieht die Kugel geradlinig auf sich zukommen.

10.4.1 Foucault'sches Pendel

Das **Foucault'sche Pendel** wird dazu genutzt, die Erscheinung der Corioliskraft in einem rotierenden Bezugssystem nachzuweisen. Damit ist das Foucault'sche Pendel ein **experimenteller Nachweis der Erdrotation**.

Das Pendel besteht aus einem Körper großer Masse, der an einem langen Faden befestigt ist. Nach dem Anstoßen kann die Durchführung einer Schwingungsebene bezüglich eines am Boden angebrachten Bezugssystems nachgewiesen werden. **Diese Drehung entspricht in 24 h genau 360°.**

Kapitelzusammenfassung

Beschleunigtes Bezugssystem

Allgemeine Trägheitskraft	$\vec{F} = -m\vec{a}$	
Zentrifugalkraft	$\vec{F}_Z = m(\vec{\omega} \times \vec{r}) \times \vec{\omega}$	$F_Z = m\omega^2 r$
Corioliskraft	$\vec{F}_C = 2m(\vec{v} \times \vec{\omega})$	

11 Himmelsmechanik

https://doi.org/10.1515/9783111030272-011

Seit Anbeginn haben sich Menschen Gedanken über das Universum gemacht und versucht die Beobachtungen am Sternenhimmel in Modelle zu fassen. **Stonehenge und die Himmelsscheibe von Nebra** sind zwei bekannte Beispiele zur Darstellung astronomischer Zusammenhänge, deren Alter von ca. 4000 Jahren bis in die Jungsteinzeit und frühe Bronzezeit zurückdatiert. Während das Jahrtausendproblem der Bewegung der Planeten, Erde und Sonne zunächst überwiegend philosophisch diskutiert wurde, zielte die Wissenschaft zunehmend auf eine möglichst genaue Beschreibung der experimentellen Beobachtungen. Hierzu wurden durch Astronomen wie **Tycho Brahe** (1546–1601) umfangreiche Tabellen zu den zeitlichen Abläufen am Himmel und den Bewegungen der Himmelsgestirne aufgestellt. Diese wurden erstmals von **Johannes Kepler** in drei Gesetze zur Bahndynamik der Planeten gegossen.

11.1 Kepler'sche Gesetze

Drei Kepler'sche Gesetze

1. Planeten bewegen sich auf **elliptischen Bahnen** um die Sonne. Die Sonne befindet sich in einem Brennpunkt der Ellipse.
2. Der Ortsvektor vom Ursprung (Bezugspunkt/ Brennpunkt ist die Sonne) zum Massenpunkt (Planet) überstreicht **in gleichen Zeiten gleiche Flächen**, wenn nur Zentralkräfte wirken (Flächensatz, Kepler erkannte die „Fläche als Maß der Zeit").

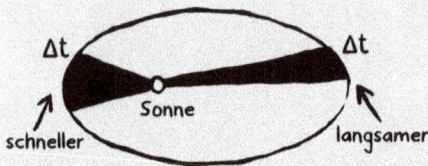

3. Der Quotient aus den großen Halbachsen a zweier Planten im Kubik verhält sich genauso, wie der Quotient aus den Umlaufzeiten T zum Quadrat.

$$\frac{a_1^3}{a_2^3} = \frac{T_1^2}{T_2^2} \qquad (11.2)$$

- **zum ersten Gesetz:**
  Das erste Gesetz beschreibt die Bahnform der Planetenbewegung als elliptisch, also in einer Ebene. Allgemein gilt die **Drehimpulserhaltung**:

$$\vec{L} = \text{const.} \qquad \text{wenn} \quad \vec{M} = \frac{d\vec{L}}{dt} = 0 \quad \text{und} \qquad (11.3)$$

$$\vec{M} = \vec{r} \times \vec{F} = 0 \quad \text{wenn} \quad \vec{F} = 0 \qquad \text{oder} \quad \vec{F} \parallel \vec{r} \qquad (11.4)$$

Gemäß der zweiten Bedingung ist für Zentralkräfte, also hier der Gravitationskraft (aber z. B. auch für Federkraft und Coulombkraft), der Drehimpuls erhalten, sowohl in Betrag als auch in seiner Richtung. Damit erfolgt die Bewegung der Planeten in einer Ebene senkrecht zu $\vec{L}$.

– **zum zweiten Gesetz:**
Zur Veranschaulichung des Betrages von $\vec{L}$ wird zunächst vom Spezialfall der Kreisbewegung ausgegangen.

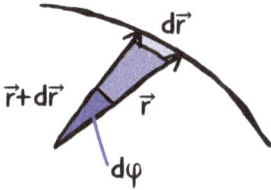

→ schraffierte Fläche (Abb. 11.1) entspricht
$$dA = \tfrac{1}{2}r \cdot dr = \tfrac{1}{2}r \cdot r d\varphi$$
→ Flächengeschwindigkeit:
$$\frac{dA}{dt} = \tfrac{1}{2}r^2 \cdot \frac{d\varphi}{dt} = \tfrac{1}{2}r^2\omega$$
$$|\vec{L}| = mr^2\omega = 2m\frac{dA}{dt}$$

Abb. 11.1: Fläche eines Kreissegments.

Für ein allgemeines Flächenelement, z. B. bei einer elliptischen Bahnbewegung, kann die Parallelogrammfläche gemäß des Kreuzprodukts berechnet werden.

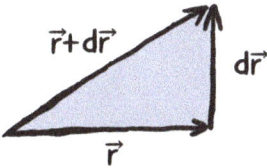

→ schraffierte Fläche (Abb. 11.2) entspricht
$$dA = \tfrac{1}{2}|\vec{r} \times d\vec{r}|$$
→ Flächengeschwindigkeit:
$$\frac{dA}{dt} = \tfrac{1}{2}|\vec{r} \times \frac{d\vec{r}}{dt}|$$
$$\frac{dA}{dt} = \frac{1}{2m}|\vec{r} \times \vec{p}| = \frac{1}{2m}|\vec{L}|$$

Abb. 11.2: Allgemeines Flächenelement (Ellipse).

– **zum dritten Gesetz:**
Das dritte Gesetz, auch **Abstandsgesetz** genannt, stellt einen Zusammenhang zwischen der räumlichen Ausdehnung der elliptischen Bahnen und der Umlaufzeiten der Planeten her. Zur Ableitung dieser Beziehung wird zunächst für eine zwischen Sonne und Planeten wirkende Kraft eine kreisförmige Bahn als vereinfachte Annahme betrachtet und die Radialbeschleunigung a_r mittels des Gesetzes umgeschrieben. Danach wird das zweite und dritte Newton'sche Axiom angewandt:

$$a_r = \omega^2 r = \frac{(2\pi)^2}{T^2} \cdot r \qquad \text{mit Kepler 3:} \quad \frac{r^3}{T^2} = \text{const.} \equiv C \qquad (11.5)$$

$$= \frac{4\pi^2}{r^3} \cdot C \cdot r = C' \cdot \frac{1}{r^2} \qquad\qquad\qquad (11.6)$$

$$F_{SE} = m_E \cdot a = C' \cdot \frac{m_E}{r^2} \qquad \text{Kraft von der Sonne auf die Erde} \qquad (11.7)$$

$$F_{ES} = -F_{SE} \sim \frac{m_S}{r^2} \qquad\qquad \text{Kraft von der Erde auf die Sonne} \qquad (11.8)$$

$$\Rightarrow \quad \vec{F}_g = -G \cdot \frac{m_S \cdot m_E}{r^2} \vec{e}_r \qquad\qquad (11.9)$$

Damit ist das dritte Kepler'sche Gesetz ein direkter Ausdruck des symmetrischen Kraftgesetzes der Gravitation mit seiner $\frac{1}{r^2}$-Abhängigkeit. Die Kraft wirkt anziehend („-") und ist bei $m_S \gg m_E$ radial zum Kraftzentrum im Schwerpunkt der Sonne gerichtet ($\vec{e}_r = \frac{\vec{r}}{r}$, $|\vec{e}_r| = 1$). Die Gravitationskonstante G skaliert den Betrag der Kraft.

11.2 Bahnkurven im Gravitationsfeld

Auf Basis der gefundenen Gesetzmäßigkeiten lassen sich durch Eliminieren der Zeit die **Bahnformen** der Himmelskörperbewegungen im Zentralfeld verallgemeinern. Abhängig von der Gesamtenergie des Himmelskörpers finden sich sowohl die für die Planetenbewegung relevanten lokal gebundenen, stabilen (Kreis, Ellipse) Bahnkurven als auch nicht gebundene Bahnkurven (Parabel, Hyperbel) als mögliche Himmelskörpertrajektorien (Abb. 11.3).

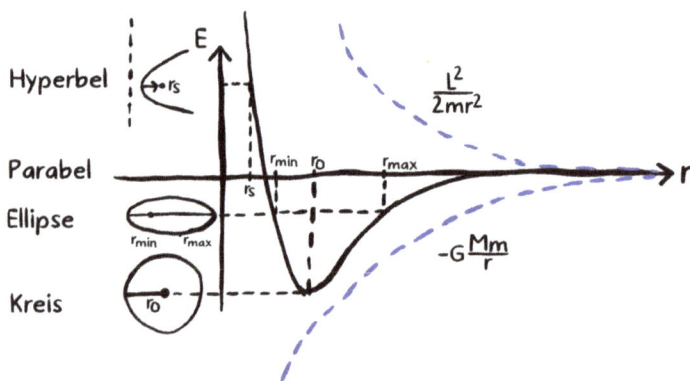

Abb. 11.3: Mögliche Bahnkurven im Gravitationsfeld umfassen Kreis und Ellipse (gebunden) als auch Parabel und Hyperbel (nicht gebunden).

Für die Annahme großer Massenunterschiede $m_1 = M \gg m_2 = m$ liegt der Massenmittelpunkt in M, und M ruht ($\vec{v}_M = \vec{v}_{SP} = 0$). Aus dem Zentralkraftcharakter der Gravitation gemäß Gleichung (11.9) lassen sich Terme für potentielle E_{pot} und kinetische Energie E_{kin} ableiten:

$$E_{pot} = -G \cdot M \frac{m}{r} \qquad\qquad (11.10)$$

$$E_{kin} = \frac{1}{2}mv^2 = \frac{1}{2}m(v_r^2 + v_t^2) \quad \text{mit} \quad v_r = \frac{dr}{dt}, \quad v_t = r\frac{d\varphi}{dt} \qquad (11.11)$$

Mit dem konstanten Drehimpuls $|\vec{L}| = m|\vec{r} \times \vec{v}| = mrv_t$ und der Kettenregel $\frac{dr}{dt} = \frac{dr}{d\varphi} \cdot \frac{d\varphi}{dt} = \frac{dr}{d\varphi} \cdot \frac{L}{mr^2}$ kann die Zeitabhängigkeit eliminiert werden; es folgt für die allgemeine Bahnform der Himmelskörperbewegung:

$$\left(\frac{dr}{d\varphi}\right)^2 \frac{L^2}{2mr^4} + \frac{L^2}{2mr^2} - G \cdot M \frac{m}{r} \tag{11.12}$$

Zudem gilt der **Energieerhaltungssatz**:

$$E = E_{\text{kin}} + E_{\text{pot}} = \frac{1}{2}m(v_r{}^2 + v_t{}^2) - G \cdot M \frac{m}{r} \tag{11.13}$$

11.2.1 Bestimmung der Gravitationskonstante nach Cavendish

Eine Labortischapparatur zur Messung der **Gravitationskonstante** G, auch **Gravitationswaage** genannt, nutzt das Prinzip einer Torsions- bzw. Drehwaage und kann so sehr empfindlich kleinste Krafteinwirkungen quantifizieren (vgl. Abschnitt 7.6). Sie geht auf Henry Cavendish zurück, der damit ursprünglich erstmalig die Dichte der Erde bestimmte. Der Aufbau der **Gravitationswaage** ist in Abbildung 11.4 von oben gesehen skizziert.

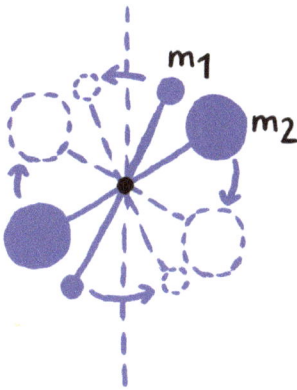

- Hantel mit kleinen Massen m_1 an Torsionspendeldraht aufgehängt

- große Massen m_2 werden definiert rotiert, wirken nun von entgegengesetzter Seite auf m_1

Abb. 11.4: Aufbau der Gravitationswaage nach Cavendish.

Durch die Messung der Änderung des Drillwinkels kann so G bestimmt werden:

$$\Rightarrow \quad G = 6{,}673(10) \cdot 10^{-11} \, \frac{\text{N} \, \text{m}^2}{\text{kg}^2}$$

Die Gravitationskonstante ist die bei weitem ungenaueste Naturkonstante.

11.2.2 „Der Mond fällt wie der Apfel"

Diese Erkenntnis Newtons wollen wir im folgenden kurz überprüfen. Dazu berechnen wir die Zentripetalbeschleunigung des Mondes gemäß Abbildung 11.5:

$$a_M = \frac{v_M^2}{r_M} = \left(\frac{2\pi}{T}\right)^2 r_M \tag{11.14}$$

und setzen die uns bekannten Größen des Abstandes Erde–Mond r_M und der Umlaufzeit des Mondes um die Erde T ein. Mit diesen Werten ergibt sich eine Radialbeschleunigung von $a_M = 2{,}72 \cdot 10^{-3} \frac{m}{s^2}$.

$$r_M = 384\,000\,\text{km}$$

$$T = 27{,}3\,\text{Tage}$$

Abb. 11.5: Freier Fall von Apfel und Mond.

Würde der Mond still stehen und vergleichen wir den Fallweg des Mondes im freien Fall mit dem eines in der Nähe der Erdoberfläche mit $g = 9{,}81\,\text{m s}^{-2}$ fallenden Apfels, so legt der Apfel gemäß $x = \frac{a}{2}t^2$ in einer Sekunde eine Strecke von 4,9 m zurück, der Mond aber nur 1,4 mm. Aufgrund seiner Tangentialgeschwindigkeit bleibt er aber natürlich auf seiner Umlaufbahn.

Bestimmung der Erdmasse

Bei Kenntnis der Gravitationskonstante lässt sich für diese zwei Bezugspunkte die Erdmasse M_E aus den entsprechenden Fallbeschleunigungen schnell herleiten:

1. aus der Erdbeschleunigung g und dem Erdradius $R_E = 6370\,\text{km}$ gemäß

$$mg = G\frac{m \cdot M_E}{R_E^2} \quad \rightarrow \quad M_E = \frac{g}{G}R_E^2 = \cdots = 5{,}97 \cdot 10^{24}\,\text{kg} \tag{11.15}$$

2. aus der Radialbeschleunigung a_M des Mondes und der Entfernung Mond–Erde r_M gemäß

$$ma_M = G\frac{m \cdot M_E}{r_M^2} \quad \rightarrow \quad M_E = \frac{a_M}{G}r_M^2 = \cdots = 6 \cdot 10^{24}\,\text{kg} \tag{11.16}$$

11.2.3 Kosmische Geschwindigkeiten

Anhand der Kosmischen Geschwindigkeiten kann die Endgeschwindigkeit abgeschätzt werden, die Raketen besitzen müssen um bestimmte Zwecke zu erfüllen.

Erste Kosmische Geschwindigkeit

Die erste Kosmische Geschwindigkeit v_1 ist notwendig, um einen Satelliten in einer erdnahen Bahn zu halten ($r \approx R_E$). Gleichsetzen von Zentripetalkraft und Gewichtskraft:

$$m_0 \frac{v_1^2}{R_E} = m_0 g \qquad \text{führt zu} \qquad (11.17)$$

$$v_1 = \sqrt{gR_E} = 7{,}9 \text{ km s}^{-1} \qquad (11.18)$$

Zweite Kosmische Geschwindigkeit

Die zweite Kosmische Geschwindigkeit v_2 ist notwendig um eine Masse m_0 aus dem Gravitationsfeld der Erde zu bringen. Die Gesamtenergie E bleibt erhalten und ist in Abhängigkeit vom Abstand r gegeben durch:

$$E = E_{\text{kin}} + E_{\text{pot}} = \frac{1}{2} m_0 v^2 - G \cdot m_0 \frac{M_E}{r} \qquad (11.19)$$

Für den Grenzfall minimal notwendiger kinetischer Energie reicht diese gerade aus, um im Unendlichen dem anziehenden Potential zu entkommen. Somit gilt für $r \to \infty$, dass sowohl E_{kin} als auch E_{pot} und damit auch E gleich Null sind. Anhand dieses Referenzpunktes lässt sich nun für beliebige Abstände r die zweite Kosmische Geschwindigkeit berechnen. Auf der Erdoberfläche gilt:

$$E = \frac{1}{2} m_0 v_2^2 - G \cdot m_0 \frac{M_E}{R_E} = 0 \qquad \text{und damit} \qquad (11.20)$$

$$v_2 = \sqrt{\frac{2GM_E}{R_E}} \qquad \text{bzw. mit Gleichung (11.15)} \qquad (11.21)$$

$$v_2 = \sqrt{2gR_E} = 11{,}2 \text{ km s}^{-1} \qquad (11.22)$$

Kapitelzusammenfassung

> **!**
>
> **Bewegung im Zentralfeld**
>
> Gravitationskraft $\qquad \vec{F}_g = -G\dfrac{m_1 m_2}{r^2}\vec{e}_r$
>
> Drehimpuls $\qquad \vec{L} = \vec{r} \times \vec{p} = \vec{r} \times m\vec{v}$
>
> Bewegung im Gravitationsfeld:
>
>   Drehimpuls: $\qquad L = mrv\sin\alpha = \text{const.}$
>
>   Energie: $\qquad E = \dfrac{m}{2}v^2 - G\dfrac{mm_0}{r} = \text{const.}$
>
>   Bahnformen: $\qquad E > 0 \qquad\qquad$ Hyperbel
>
> $\qquad\qquad\qquad\qquad E = 0 \qquad\qquad$ Parabel
>
> $\qquad\qquad\qquad\qquad E < 0 \qquad\qquad$ Ellipse
>
> $\qquad\qquad\qquad\qquad E = -\dfrac{G^2 m_0^2 m^3}{2L^2} \qquad$ Kreis
>
> Kepler'sche Gesetze:
>
>   1. Ellipsensatz $\qquad$ elliptische Umlaufbahnen mit Schwerezentrum in einem Brennpunkt
>
>   2. Flächensatz $\qquad \dfrac{dA}{dt} = \dfrac{L}{2m} = \text{const.}$
>
>   3. große Halbachsen zu Umlaufzeiten $\qquad \dfrac{a^3}{T^2} = \dfrac{G}{4\pi^2}(m_0 + m) = \text{const.}$

12 Schwingungen und Wellen

https://doi.org/10.1515/9783111030272-012

12.1 Schwingungen

> **Schwingung**
> Eine **Schwingung** ist eine zeitlich periodische Änderung einer physikalischen Größe.
> Ein System, welches zu einer Schwingung fähig ist, wird **Oszillator** genannt.

Schwingungen und Wellen sind Phänomene, die in der Mechanik, Akustik, Elektrodynamik und Optik auftreten. Auf den folgenden Seiten werden diese physikalischen Erscheinungen charakterisiert und genauer beschrieben.

12.1.1 Freie ungedämpfte Schwingung

> **Freie ungedämpfte Schwingung**
> Eine Schwingung deren Amplitude konstant ist und die eine systemimmanente Eigenfrequenz aufweist, wird **freie ungedämpfte Schwingung** genannt.

Ein Oszillator, der eine freie ungedämpfte Schwingung (Abb. 12.1) vollführt, ist frei von jeglichen Reibungseinflüssen, die seine Amplitude und charakteristische Schwingungsfrequenz, genannt Eigenfrequenz, beeinflussen könnten. Eine derartige Schwingung ist beispielsweise im Vakuum möglich. Entsprechend handelt es sich bei dieser Schwingung mehr um ein physikalisches Modell als um eine Darstellung der Realität.

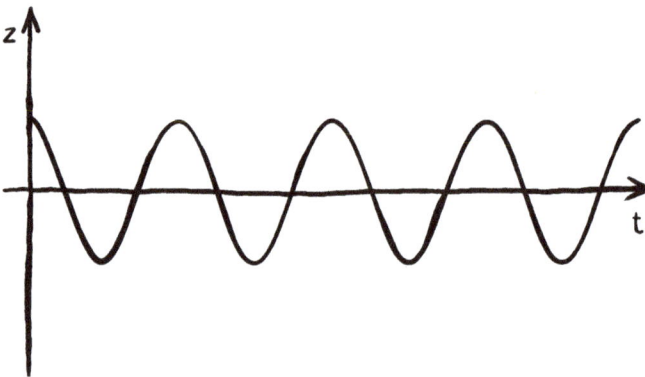

Abb. 12.1: Darstellung der freien ungedämpften Schwingung einer physikalischen Größe z im zeitlichen Verlauf.

Um die Eigenschaften einer freien ungedämpften Schwingung beschreiben zu können, soll das Beispiel des mechanischen Federschwingers herangezogen werden. Für diesen Schwinger gilt die Schwingungsgleichung (Federkonstante k, Masse m):

$$\ddot{z} + \frac{k}{m} \cdot z = 0 \tag{12.1}$$

Die **Eigenfrequenz** f_0 dieses Systems mit entsprechender Winkelgeschwindigkeit ω_0 und **Periodendauer** T_0 kann weiterhin mit folgender Formel beschrieben werden:

$$f_0 = \frac{1}{T_0}$$

$$\omega_0 = \frac{2\pi}{T_0} = \sqrt{\frac{k}{m}} \tag{12.2}$$

Gemäß der allgemeinen Definition einer Schwingung muss auch in diesem Fall eine zeitlich periodisch veränderliche Größe vorhanden sein. Bei dieser Größe handelt es sich hier um die zeitliche Auslenkung $z(t)$ des Schwingers:

$$\boxed{z(t) = z_{max} \cdot \cos(\omega_0 \cdot t + \varphi_0)} \tag{12.3}$$

Betrachten wir nun die Energieformen dieses Oszillators der freien ungedämpften Schwingung. Zum einen besitzt er aufgrund seiner Bewegung **kinetische Energie**. Zum anderen weist die Feder **potentielle Energie** auf. In Bezugnahme auf die Newton'sche Bewegungsgleichung (bzw. der Schwingungsgleichung (12.1)) gilt daher der Energieerhalt:

$$\frac{d}{dt}\left(\frac{m}{2} \cdot \dot{z}^2 + \frac{k}{2} \cdot z^2\right) = m \cdot \ddot{z} \cdot \dot{z} + k \cdot z \cdot \dot{z} \stackrel{(12.1)}{=} 0 \tag{12.4}$$

12.1.2 Freie gedämpfte Schwingung

Freie gedämpfte Schwingung
Eine freie Schwingung, deren Amplitude aufgrund von Reibungseinflüssen bzw. Reibungskräften einer Dämpfung unterliegt, wird **freie gedämpfte Schwingung** genannt. Durch die Reibung ändert sich auch die Eigenfrequenz des Schwingungssystems.

Diese Dämpfung entspricht dem realen Verlauf einer Schwingung, die ohne zusätzliche äußere Anregung vollzogen wird. Um alle Einflüsse der Gestalt des Oszillators und des Reibung verursachenden Mediums zusammenzufassen, soll die Reibungskraft $\vec{F}_R$ proportional zur Geschwindigkeit eingeführt werden:

$$\vec{F}_R = -r \cdot \vec{v} \tag{12.5}$$

Im Fall der gedämpften Schwingung kann die Bewegungsgleichung aus verschiedenen Ansätzen hergeleitet werden. Zum einen dient erneut die **Newton'sche Bewegungsglei-**

chung als Ausgangspunkt der Überlegungen. In diesem Fall ergibt sich das Produkt aus Masse und Beschleunigung sowohl aus der Federkraft $\vec{F}_k$ als auch aus dem definierten Reibungsanteil $\vec{F}_R$. Für den eindimensionalen Schwinger gilt:

$$m\ddot{z} = -k \cdot z - r \cdot \dot{z} \tag{12.6}$$

Nach Umstellung der Bewegungsgleichung erhält man die entsprechende Schwingungsgleichung:

$$\ddot{z} + \frac{r}{m} \cdot \dot{z} + \frac{k}{m} \cdot z = 0 \tag{12.7}$$

Die zeitlich periodisch veränderliche Größe stellt auch in diesem Fall die Auslenkung dar. Als Lösung findet man für $z(t)$ die abklingend oszillierende Funktion:

$$z(t) = z_A \cdot e^{-\delta t} \cdot \cos(\omega \cdot t + \varphi_0) \tag{12.8}$$

mit den Größen z_A und φ_0 gemäß der **Anfangsbedingungen** $z(t = 0)$ und $\dot{z}(t = 0)$. Für die Kreisfrequenz ω der Schwingung unter Dämpfungseinfluss ergibt sich der folgende Zusammenhang:

$$\omega = \sqrt{\frac{k}{m} - \left(\frac{r}{2m}\right)^2} \tag{12.9}$$

$$= \sqrt{\omega_0^2 - \delta^2} \tag{12.10}$$

Dabei ist ω_0 die Winkelgeschwindigkeit der ungedämpften Schwingung und δ symbolisiert die sogenannte **Abklingkonstante** in Abhängigkeit vom Reibungskoeffizienten r sowie der Masse m des Oszillators. Diese Größe nimmt im Fall einer ungedämpften Schwingung den Wert 0 an.

Die Eigenfrequenz ω der gedämpften Schwingung ist kleiner als jene, die im Fall einer ungedämpften Schwingung beobachtet werden kann. Dieser Umstand ist mit der Abklingrate δ zu begründen. Je nach Verhältnis von Abklingkonstante und ungedämpfter Eigenfrequenz kann man drei Fälle unterscheiden:

- $\omega_0 > \delta$: **Schwingfall**.
- $\omega_0 = \delta$: **Aperiodischer Grenzfall**.
- $\omega_0 < \delta$: **Kriechfall**.

$\delta = \omega_0$ stellt einen **besonderen Spezialfall** dar, indem eine Rückkehr in ein vorgegebenes Amplitudenintervall in der kürzestmöglichen Zeit erfolgt.

Der abfallende Schwingungsverlauf kann mit Hilfe zweier Exponentialfunktionen, auch **Einhüllende** genannt, beschrieben werden (Abbildung 12.2). Diese Einhüllenden berühren die Schwingungskurve jeweils in ihren Maxima und Minima. Entsprechend

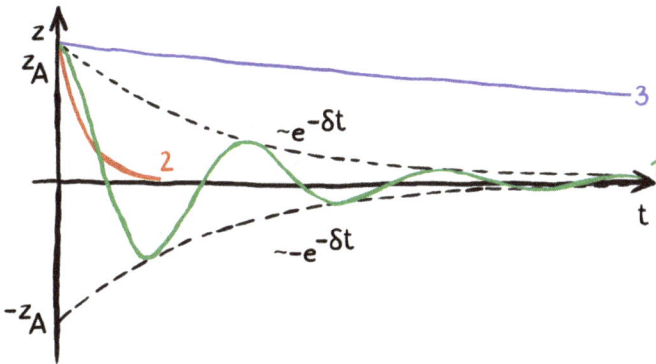

Abb. 12.2: Darstellung der freien gedämpften Schwingung für (1) den Schwingfall, (2) den aperiodischen Grenzfall und (3) den Kriechfall.

kann der Amplitudenverlust zweier aufeinanderfolgender Maxima bzw. Minima mathematisch mit dem sogenannten **logarithmischen Dekrement** Λ beschrieben werden:

$$\Lambda = \ln \frac{z \cdot (t)}{z(t + T)} = \delta \cdot T \tag{12.11}$$

12.1.3 Erzwungene Schwingung

Erzwungene Schwingung

Die **erzwungene Schwingung** ist eine gedämpfte Schwingung, deren Oszillator durch eine zeitlich periodisch wirkende Kraft von außen erregt wird.

Definitionsgemäß ist eine **erzwungene Schwingung also auch eine gedämpfte Schwingung**. Ein Blick auf ihre Bewegungsgleichung verdeutlicht den Aspekt der von außen wirkenden Kraft $F_E(t)$:

$$m \cdot \ddot{z} = -k \cdot z - r \cdot v_z + F_E(t) \tag{12.12}$$

In Analogie zur Bewegungsgleichung der gedämpften Schwingung kann auch hier eine Umformulierung der Gleichung vorgenommen werden:

$$\ddot{z} + \frac{r}{m} \cdot \dot{z} + \frac{k}{m} \cdot z = \frac{F_E(t)}{m} \tag{12.13}$$

Die Kraft $F_E(t)$ folgt einem zeitlich periodischen Verhalten, z. B. darstellbar gemäß:

$$F_E(t) = F_{E,max} \cdot \sin(\omega \cdot t) \tag{12.14}$$

Die Bewegungsgleichung der erzwungenen Schwingung stellt eine **inhomogene Differentialgleichung** (DGL) dar (d. h. DGL mit einem additiven Term, der nicht abhängig von der Funktion oder ihren Ableitungen ist). Für Differentialgleichungen dieser Art existieren zwei additive Lösungsteile:

– **Allgemeine Lösung der homogenen DGL:** Die allgemeine Lösung liefert eine Antwort auf die homogene Differentialgleichung ohne Inhomogenität, also für eine externe Kraft gleich Null. Dieser Anteil klingt im Einschwingvorgang ab und kann danach vernachlässigt werden.

– **Spezielle Lösung der inhomogenen DGL:** Die spezielle Lösung der inhomogenen Differentialgleichung folgt der Erregerfrequenz der zeitlich periodischen externen Kraft und ist nach dem Einschwingvorgang der einzig vorherrschende Lösungsteil.

Die spezielle Lösung kann also mit folgendem Ansatz bestimmt werden:

$$z(t) = z_{\max} \cdot \sin(\omega \cdot t - \varphi) \tag{12.15}$$

Der Winkel φ hat hier die Bedeutung der Phasenverschiebung zwischen Situationen gleicher Phasenlage der Erregerkraft und der Ortskoordinate des Oszillators im eingeschwungenen Zustand. Dies charakterisiert wie die Schwingung der Erregung zeitlich nachfolgt.

Auf Basis dieser Überlegungen kann auch die **Amplitude der speziellen Lösung** abgeleitet werden:

$$z_{\max} = \frac{F_E/m}{\sqrt{(\omega_0^2 - \omega^2)^2 + (2\delta\omega)^2}} \tag{12.16}$$

Dabei stellt ω_0 die Eigenfrequenz für die freie Schwingung dar, wohingegen mit ω die Erregerfrequenz definiert wird. Die **Phasenverschiebung** φ kann wie folgt berechnet werden:

$$\varphi = \arctan\left(\frac{2\delta\omega}{\omega_0^2 - \omega^2}\right) \tag{12.17}$$

Entspricht die Erregerfrequenz der Eigenfrequenz, so führt dies zu einer Phasenverschiebung von $\pi/2$. Schwingen der Oszillator und der Erreger in Phase, so nimmt φ den Wert 0 an. Frequenzabhängig folgt bei Betrachtung des Quotienten aus ω und ω_0 eine Änderung der maximalen Auslenkung $z_{\max}$. Die gesamte Kurve wird als Resonanzkurve bezeichnet (Abb. 12.3). Das Maximum dieser Kurve liegt bei der **Resonanzfrequenz** $\omega_{res} = \sqrt{\omega_0^2 - 2\delta^2}$.

Ohne Dämpfung bzw. bei einer geringen Abklingrate tritt die **Resonanzkatastrophe** auf. Um diese Resonanzphänomene unterdrücken zu können, werden Dämpfer verwendet. Ein Beispiel dafür sind die Stoßdämpfer am Auto. Insgesamt zählt auch nach Aussage großer Gelehrter die Resonanz zu den wesentlichen Phänomenen der Physik.

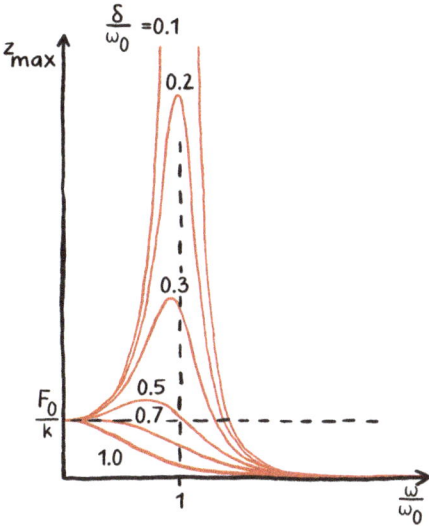

Abb. 12.3: Darstellung des Resonanzphänomens, das bei Erregung mit der Eigenfrequenz $\omega = \omega_0$ für verschwindende Dämpfung $\delta \rightarrow 0$ zur Resonanzkatastrophe mit unendlicher Amplitude führt (k ist die Federkonstante oder eine äquivalente Größe, F_0 bzw. F_E die Amplitude der Erregerkraft).

Es existieren viele Anwendungen des Resonanzphänomens. So basieren nahezu alle **spektroskopischen Methoden** auf der Grundlage der Resonanz. Mechanische Schwingungen können beispielsweise Schwingungen von Atomen in Kristallen erregen und so den Verband gekoppelter Atome charakterisieren. Ein weiteres Beispiel ist die elektromagnetische Schwingung, die an geladene Teilchen koppelt und so unter anderem Schwingungen der Elektronen bezüglich der positiven Kerne anregen kann. Weiterhin ist es so möglich, Moleküle mit unterschiedlichen Ladungsschwerpunkten zu Dreh-, Knick- und Kippschwingungen mit jeweils typischen Eigenfrequenzen zu erregen. Ganz viele Eigenheiten unseres Lebens werden erst durch diesbezügliche Besonderheiten des Wassermoleküls ermöglicht.

Auch die **Photoionisation** eines Atoms kann als die Resonanzkatastrophe eines Elektrons der Hülle gebunden am Atomkern als schwingungsfähiges System diskutiert werden. Ein Photon mit $E = \hbar\omega$ kann die Bindungsenergie eines Elektrons aufbringen und hat dann seine Eigenfrequenz ω_0 angesprochen. Der Faktor $h = 2\pi\hbar$ kennzeichnet das Planck'sche Wirkungsquantum $h = 1{,}0545 \cdot 10^{-34}\,\mathrm{J\,s}$.

12.1.4 Gekoppelte Schwingung

Gekoppelte Schwingung

Die **gekoppelte Schwingung** ist die Schwingung eines Systems bestehend aus zwei oder mehreren schwingenden, gekoppelten Oszillatoren.

Die Kopplung zweier Oszillatoren führt zu der Eigenschaft, dass nach Erregung des ersten Schwingers Bewegungsenergie auf den zweiten übertragen wird. Diese Energie wird im späteren Verlauf auf den ersten Schwinger zurückgeführt, um dann erneut auf den zweiten Oszillator überzugehen. Die Übertragung der Energie wird bei gleicher Amplitude beider Oszillatoren als **reine Schwebung** bezeichnet.

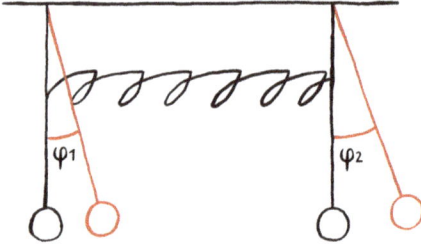

Abb. 12.4: Darstellung einer gekoppelten Schwingung.

Beispiel. *Kopplung zweier Pendel*

Ein Beispiel für eine gekoppelte Schwingung stellt die Kopplung zweier Pendel mit Hilfe einer Feder dar (Abbildung 12.4). Hierdurch ergibt sich auch mathematisch eine **gekoppelte Differentialgleichung**.

Bei zwei gekoppelten Oszillatoren gibt es gerade zwei Fundamentalschwingungen, d. h. spezielle Lösungen bei bestimmten Anfangsbedingungen (Abb. 12.5):

- **1. Fundamentalschwingung:**
  Beide Pendel schwingen gleichsinnig mit $\varphi_1 = \varphi_2$, gemäß der Eigenfrequenz beider Pendel. Die Kopplungsfeder wird nicht gestaucht.
- **2. Fundamentalschwingung:**
  Beide Pendel schwingen gegensinnig mit $\varphi_1 = -\varphi_2$. Die Stauchung bzw. Streckung der Feder liefert eine zusätzliche zurücktreibende Kraft, die die Frequenz der Schwingung im Vergleich zur Eigenfrequenz erhöht.

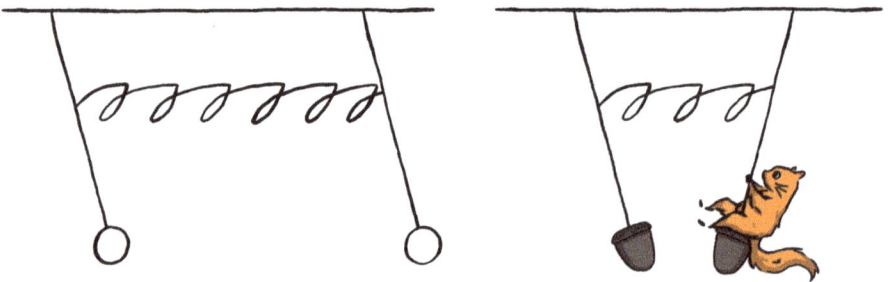

Abb. 12.5: Darstellung der beiden Fundamentalschwingungen.

– **Schwebung:**

Im speziellen Fall der reinen Schwebung wird nur eins der Pendel zu Beginn auf φ_0 ausgelenkt. Man erhält mit Hilfe der Additionstheoreme für die Auslenkung beider Körper:

$$\varphi_1(t) = \varphi_0 \cos\left(\frac{\omega_2 - \omega_1}{2} t\right) \cos\left(\frac{\omega_2 + \omega_1}{2} t\right) \tag{12.18}$$

$$\varphi_2(t) = \varphi_0 \sin\left(\frac{\omega_2 - \omega_1}{2} t\right) \sin\left(\frac{\omega_2 + \omega_1}{2} t\right) \tag{12.19}$$

Die Auslenkungen beider Pendel oszillieren mit einer schnellen Frequenz und einer langsamen Frequenz, die als **Einhüllende** die Schwebung und damit das Hin- und Herlaufen der Energie zwischen den beiden Schwingern kennzeichnet. Für $t = 0$ gilt, dass die Gesamtenergie der potentiellen Energie des ersten Pendels infolge der Auslenkung entspricht (keine kinetische Energie vorhanden). Innerhalb der langen Periodendauer wird nun diese Energie zunehmend auf das zweite Pendel übertragen, bis zum vollständigen Übergang bei $\frac{\omega_2 - \omega_1}{2} t = \frac{\pi}{2}$. Danach kehrt sich der Energiefluss um.

12.2 Wellen

Wellen

Eine **Welle** ist eine zeitlich und räumlich periodische Änderung einer physikalischen Größe.

Die Charakteristik einer Welle, nicht nur **zeitlich** sondern auch **räumlich periodische Eigenschaften** zu besitzen, erweitert die Dimension der harmonischen Funktion deutlich. Dabei kann die zeitliche Amplitudenentwicklung der Welle an jedem fixen Ort als Schwingung und die Welle selbst als Ausbreitung der Schwingung im Raum betrachtet werden. Die **Momentaufnahmen** der Welle zu unterschiedlichen Zeitpunkten zeigt im Vergleich der entsprechenden Phasenzustände, dass das Argument der harmonischen Funktion dabei eine Kopplung der Abhängigkeiten von Zeit t und Ort $\vec{r}$ darstellt.

Für gerichtete Wellenausbreitung der physikalischen Größe $A(x, t)$, z. B. ebene Wellen repräsentiert durch die Exponentialfunktion:

$$A(x, t) \sim e^{i(\vec{k}\vec{r} - \omega t + \varphi_0)} \tag{12.20}$$

beschreibt dabei der **Wellenvektor** $\vec{k}$ mit Einheit m^{-1} sowohl die Ausbreitungsrichtung der Welle als auch die Oszillationsdichte (u. a. Dichte der Maxima und Minima mit $|\vec{k}| = \frac{2\pi}{\lambda}$ und **Wellenlänge** λ) entlang dieser Richtung für Momentanaufnahmen zu einem beliebigen Zeitpunkt. Die zeitliche Entwicklung ist über die Kreisfrequenz

ω gegeben und der Nullphasenwinkel φ_0 folgt aus dem Anfangszustand der Welle für $t_0 = 0$ und $\vec{r}_0 = 0$. Das positive Voranschreiten eines konstanten Phasenzustandes bzw. Phasenwinkels in $\vec{k}$-Richtung mit der Zeit t wird durch das Minus-Vorzeichen vor ωt gewährleistet ($\omega \Delta t$ kompensiert dabei gerade die Verschiebung der Phase im Raum um $\vec{k} \Delta \vec{r}$).

Die Ausbreitungsgeschwindigkeit der Welle ist gegeben durch die konstante **Phasengeschwindigkeit**

$$c = \frac{\omega}{k} \tag{12.21}$$

und für eine Ortskoordinate x entlang $\vec{k}$ ergibt sich die Ort-Zeit-Funktion einer geradlinig gleichförmigen Bewegung

$$x = \frac{\omega}{k} t - \frac{a_0}{k} \tag{12.22}$$

Weiterhin erfolgt durch die Wellenausbreitung ein Transport von **Energie** in Ausbreitungsrichtung, jedoch **nicht von Materie**.

12.2.1 Wellengrundformen

Die **Longitudinalwelle** und die **Transversalwelle** stellen die wesentlichen Wellengrundformen dar. Eine Longitudinalwelle (Abb. 12.6) besitzt eine Ausbreitungsrichtung, die mit der Schwingungsrichtung ihrer Oszillatoren übereinstimmt.

Abb. 12.6: Darstellung der Longitudinalwelle.

Eine Transversalwelle (Abb. 12.7) hingegen schwingt senkrecht zur Ausbreitungsrichtung. Im Gegensatz zur Longitudinalwelle kann eine Transversalwelle polarisiert werden. Beispiele für diese Wellenformen sind Schallwellen (longitudinal) und elektromagnetische Wellen (transversal).

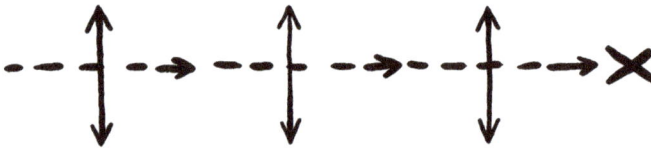

Abb. 12.7: Darstellung der Transversalwelle.

Ist eine Welle **linear polarisiert**, so besitzt sie lediglich eine bestimmte Schwingungsrichtung. Alle weiteren Schwingungsrichtungen werden durch die Polarisation heraus-
gefiltert. Ändert sich die Schwingungsrichtung hingegen in einer zeitlich definierten
Ordnung, so wird von einer **elliptisch oder zirkular polarisierten** Welle gesprochen.
Beispielsweise existieren für das Licht Polarisationsfilter, die nur eine Schwingungsebene hindurch lassen.

12.2.2 Mathematische Beschreibung harmonischer Wellen

A sei eine beliebige, schwingende, sich zeitlich ändernde physikalische Größe, z. B.
die elektrische oder magnetische Feldstärke bei elektromagnetischen Wellen oder der
Druck- bzw. die Dichte bei Schallwellen.

Weiterhin wird für die kommende Diskussion auf Wellenflächen Bezug genommen.
Dieses Vorgehen ist vorteilhaft, da eine Wellenfläche einer Vielfalt gleicher Schwin-
gungszustände entspricht.

Neben der **ebenen Welle** sind richtungsunabhängige **Kugelwellen**

$$A(x,t) \sim \frac{e^{i(kr-\omega t+\varphi_0)}}{kr} \tag{12.23}$$

ein wichtiger Sonderfall harmonischer Wellen ($|\vec{k}| = k$, $|\vec{r}| = r$). Kugelwellen besitzen
punktförmige Erreger, ebene Wellen entstehen durch ebene Sender. In beiden Fällen
stehen die Wellenfronten senkrecht auf der Ausbreitungsrichtung (Abb. 12.8).

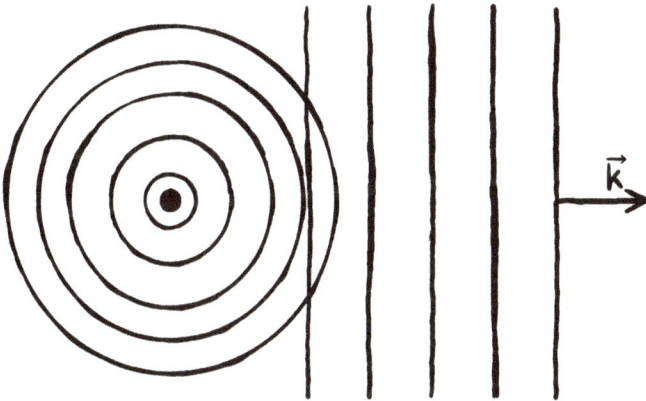

Abb. 12.8: Vergleich von Kugelwellen und ebenen Wellen.

Im Falle der Kugelwellen nimmt die Krümmung der Wellenfronten mit Abstand
zum punktförmigen Sender ab. Für viele Anwendungsfälle kann man daher näherungs-
weise von ebenen Wellen ausgehen.

Für eine **eindimensionale Kette von Oszillatoren** und einer Ausbreitung der harmonischen Welle in x-Richtung kann für A folgendes formuliert werden:

$$A(x, t) = A_{max} \cdot \cos(kx - \omega t + \varphi_0) \tag{12.24}$$

Für die weitere Diskussion können zwei Standpunkte eingenommen werden: zum einen die Betrachtung für x = const., zum anderen für eine Momentaufnahme t = const. Ein Beispiel für x = const. ist das Aufstellen eines Rundfunkempfängers an einer festen Stelle x_1. Der Wert A nimmt durch das konstante x_1 nun die Form

$$A(t) = A_{max} \cdot \cos(-\omega t + \varphi_1) \tag{12.25}$$

an, wobei die Größe φ_1 aufgrund des festen Werts für $kx_1 + \varphi_0$ gegeben ist. Im Gegensatz dazu stellt die Betrachtungsweise einer konstanten Zeit t_2 einen „Schnappschuss" (Foto mit dem Smartphone) der Gesamtsituation im Raum dar, mit

$$A(x) = A_{max} \cdot \cos(kx + \varphi_2) \tag{12.26}$$

und $\varphi_2 = -\omega t_2 + \varphi_0$.

Die Phasengeschwindigkeit c bzw. v_{Phase} kann wiederum aus verschiedenen Größen berechnet werden:

$$v_{Phase} = \frac{\Delta x}{\Delta t} = \frac{\omega}{k} = \frac{\lambda}{T} \tag{12.27}$$

Nach der Zeit t ist die Phase um die Strecke x in positiver Richtung vorangeschritten.

12.2.3 Eigenschaften von Wellen

Um die Eigenschaften einer Welle bestimmen zu können, wird die Betrachtungsweise auf mehrere Wellen erweitert. Im Rahmen dieser Betrachtung wird klar: Wellen können sich überlagern, sie **superponieren**. Die sich daraus ergebenden Phänomene werden als **Interferenz** bezeichnet.

Als Beispiel für dieses Phänomen werden zwei ebene Wellen betrachtet, die erneut die Änderung der physikalischen Größe A beschreiben sollen. Sie besitzen die entsprechende Amplitude A_{max}, die Kreisfrequenz ω, die Wellenlänge λ und die Ausbreitungsrichtung x. Beide sollen in den genannten Eigenschaften übereinstimmen. Mathematisch werden beide Wellen bei Interferenz aufsummiert. Es entsteht die resultierende Welle $A_{res}(t)$:

$$A_{res}(t) = A_{max} \cdot [\cos(kx - \omega t) + \cos(kx - \omega t + \alpha)] \tag{12.28}$$

Nach Umstellung der Gleichung mit Hilfe von Additionstheoremen trigonometrischer Funktionen und der Symmetrie der Cosinusfunktion $\cos(x) = \cos(-x)$ nimmt $A_{res}(t)$ die folgende Form an:

$$A_{\text{res}}(t) = 2A_{\max} \cdot \cos\frac{\alpha}{2} \cdot \cos\left(kx - \omega t + \frac{\alpha}{2}\right) \tag{12.29}$$

Die maximale Verstärkung durch Interferenz ist bei einer Phasendifferenz $\alpha = 2n\pi$ ($n \in \mathbb{N}_0$) zu erwarten. Die gegenseitige Auslöschung der Wellen tritt hingegen bei $\alpha = (2n + 1)\pi$ auf.

Falls beide Wellen entgegengesetzte Ausbreitungsrichtungen besitzen (k wird zu $-k$ für die rücklaufende Welle), entsteht eine **stehende Welle** $A_{\text{res}}(t)$ gemäß der Formel:

$$A_{\text{res}}(t) = 2A_{\max} \cdot \cos\left(kx - \frac{\alpha}{2}\right) \cdot \cos\left(\omega t - \frac{\alpha}{2}\right) \tag{12.30}$$

Die stehende Welle zeichnet sich durch ihre Eigenschaft aus, keine Ausbreitung in x-Richtung zu besitzen, sondern ortsfeste Nullstellen (Knotenpunkte) und Maxima (Bäuche) aufzuweisen, siehe Abbildung 12.9. Dies sieht man anhand der Entkopplung von Ort und Zeit in den Argumenten beider Oszillationen.

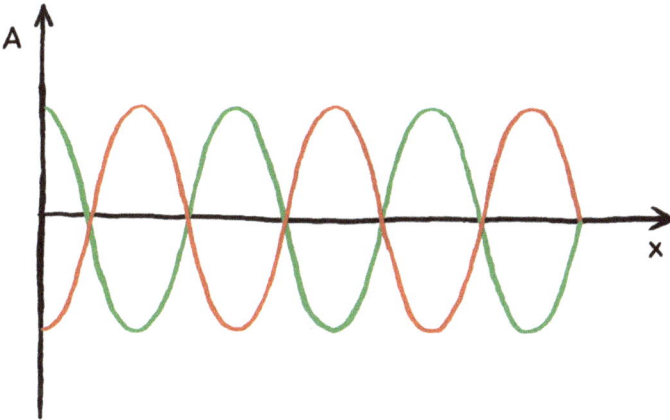

Abb. 12.9: Darstellung einer stehenden Welle mit ortsfesten Knotenpunkten und Bäuchen für zwei Zeiten, zu denen maximal konstruktive Interferenzen hin- und rücklaufender Welle (maximale Auslenkung) auftreten.

Die Erzeugung einer stehenden Welle ist beispielsweise durch die Reflexion an den Enden von Seilen, Leitungen und dergleichen möglich. Dabei macht es einen Unterschied, ob es sich um eine **Reflexion an einem festen oder losen Ende** handelt. Bei der Reflexion an einem festen Ende tritt ein Phasensprung von $\alpha = \pi$ auf. Dieser Phasensprung kann im Fall eines losen Endes nicht festgestellt werden.

Huygens–Fresnel'sches Prinzip
Das **Huygens–Fresnel'sche Prinzip** besagt, dass jeder beliebige Punkt einer Wellenfront auch zugleich der Ausgangspunkt einer neuen kugelförmigen Elementarwelle ist.

Abb. 12.10: Brechung einer ebenen Welle an einer Grenzfläche zu einem optisch dichteren Material. Nach Huygens–Fresnel ergibt sich die Propagation jeder neuen Wellenfront der ebenen Welle als Überlagerung vieler Kugelwellen, was hier insbesondere für die Grenzfläche deutlich wird.

Das Huygens–Fresnel'sche Prinzip (Abb. 12.10) spielt eine wichtige Rolle für die Diskussion von Interferenzerscheinungen von Wellen bzw. für das Eindringen von Wellen in Schattenräume.

Beispiel. *Elektronenwellen im Festkörper*

Ein weit verbreitetes Beispiel für stehende Wellen stellen Elektronen im Festkörper dar. Diese Teilchen besitzen neben ihrer Ruhemasse und ihrer Ladung auch eine kinetische und eine potentielle Energie sowie einen Impuls. Der **Impuls des Elektrons** kann durch den Wellenvektor $\vec{k}$ ausgedrückt werden:

$$\vec{p} = \hbar\vec{k} \qquad (12.31)$$

Über den Zusammenhang $\vec{p} = m \cdot \vec{v}$ kann die **kinetische Energie des Elektrons** bestimmt werden:

$$E = \frac{m}{2} \cdot v^2 = \frac{p^2}{2m} = \frac{(\hbar k)^2}{2m} \tag{12.32}$$

Die Energie E eines freien Elektrons (bei Abwesenheit eines Potentials) kann damit mathematisch als Parabel mit Abhängigkeit von der Wellenzahl k, allgemein auch als **Dispersionsrelation** bezeichnet, dargestellt werden (Abb. 12.11).

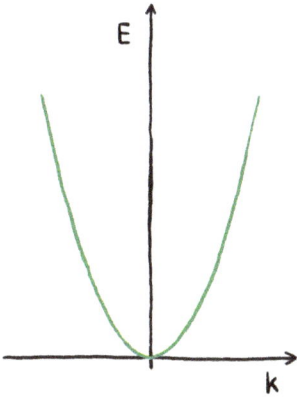

Abb. 12.11: Dispersionsrelation $E(k)$ freier Elektronen.

Im Festkörper haben die Elektronen auch **potentielle Energie** (u. a. Kernanziehung und e^--e^--Abstoßung), die besonders stark für Wellenzahlen nahe des Interferenzwertes mit dem Gitter $k = \frac{\pi}{a}$ (am Rand der sogenannten „Brillouin-Zone" $-\frac{\pi}{a} < k < \frac{\pi}{a}$) wird. Da es zu jedem k auch ein entsprechendes $-k$ gibt, werden im Festkörper stehende Wellen ausgebildet. Dies ist wichtig, da nur so keine Energie aus den Schwingungen und Wellen abtransportiert bzw. abgestrahlt wird. Das Quadrat der Wellenfunktion beschreibt die Aufenthaltswahrscheinlichkeit der Elektronen.

Stehende Wellen am Rand der Brillouin-Zone zeichnen sich zusätzlich durch die Aufspaltung ihrer Energiewerte in einen niedrigeren, stabilisierenden Zustand (Maxima der stehenden Welle liegen an den Orten der positiven Atomrümpfe) bzw. in einen höheren, destabilisierenden Zustand (Maxima liegen zwischen den Atomkernen) aus, wie in Abbildung 12.12 gezeigt ist. Die Beschreibung des Elektrons mit Hilfe des Wellenansatzes liefert den Einstieg in die **Quantenmechanik**. Wird dieser Zusammenhang der konstanten Gesamtenergie des zeitunabhängigen Systems als Differentialgleichung formuliert, so ergibt sich die sogenannte **Stationäre Schrödingergleichung**, deren Lösungen die elektronischen Wellenfunktionen sind.

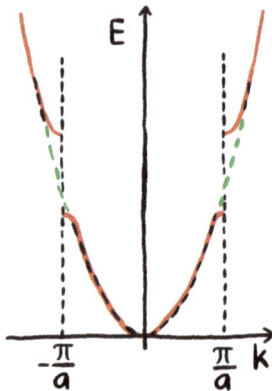

Dispersionsrelation $E(k)$ gebundener Elektronen im Festkörper, die stehende Wellen ausbilden.

12.2.4 Wellengleichung

Die **Wellengleichung** entspricht einer **partiellen Differentialgleichung zweiter Ordnung in Ort und Zeit** (enthält also partielle Ableitungen einer Funktion $\eta(x, t)$ nach x und t bis zur zweiten Ordnung), deren Lösung gerade die von uns diskutierten Amplitudenfunktion $\eta(x, t)$ der Wellen ist. Allgemein wird die **eindimensionale Wellengleichung** wie folgt angegeben:

$$\frac{\partial^2 \eta(x, t)}{\partial t^2} = \left(\frac{\omega}{k}\right)^2 \cdot \frac{\partial^2 \eta(x, t)}{\partial x^2} \tag{12.33}$$

und hat Lösungen gemäß der beschriebenen harmonischen Funktionen (z. B. $\cos x$, $\sin x$, e^{ix}), etwa in der Form

$$\eta(x, t) = \eta_{\max} \cdot \sin(kx - \omega t + \varphi_0) \tag{12.34}$$

Um diese Lösungen zu verifizieren, muss zunächst zweifach differenziert werden. Zum einen erfolgt die partielle Differentiation nach x, zum anderen nach t:

$$\frac{\partial^2 \eta}{\partial x^2} = -\eta_{\max} \cdot k^2 \cdot \sin(kx - \omega t + \varphi_0) \tag{12.35}$$

$$\frac{\partial^2 \eta}{\partial t^2} = -\eta_{\max} \cdot \omega^2 \cdot \sin(kx - \omega t + \varphi_0) \tag{12.36}$$

Beide partielle Ableitungen reproduzieren demnach wieder den ursprünglichen gemeinsamen Sinusterm. Werden beide Gleichungen nach einer Umstellung gleichgesetzt, genügt dieses Ergebnis gerade der eindimensionalen Wellengleichung (12.33). Der Term $\frac{\omega}{k}$ beschreibt auch hier wieder die Geschwindigkeit der Phase.

Kapitelzusammenfassung

Ungedämpfte harmonische Schwingung

Differentialgleichung $\ddot{x} + \omega_0^2 x = 0$

Ort-Zeit-Funktion $x = x_{max}\cos(\omega_0 t + \varphi_0)$

  Kreisfrequenz $\omega_0 = 2\pi f_0 = \dfrac{2\pi}{T_0}$

Periodendauer von Systemen

  Federschwingung/ Mathematisches Pendel $\quad T_0 = 2\pi\sqrt{\dfrac{m}{k}} \qquad\qquad T_0 = 2\pi\sqrt{\dfrac{l}{g}}$

  Physikalisches Pendel/ Drehschwingung $\quad T_0 = 2\pi\sqrt{\dfrac{J_A}{mgs}} \qquad\qquad T_0 = 2\pi\sqrt{\dfrac{J_A}{D}}$

Gedämpfte Schwingung

Differentialgleichung $\ddot{x} + 2\delta\dot{x} + \omega_0^2 x = 0$

Ort-Zeit-Funktion für $\delta < \omega_0$ $\qquad x = x_A e^{-\delta t}\cos(\omega t + \varphi_0)$

  Kreisfrequenz $\omega^2 = \omega_0^2 - \delta^2$

  Federschwingung $\qquad \omega_0^2 = \dfrac{k}{m} \qquad\qquad \delta = \dfrac{r}{2m}$

Abklinggesetz/ Logarithmisches Dekrement $\qquad \dfrac{x(t+T)}{x(t)} = e^{-\delta T} \qquad\qquad \Lambda = \delta T$

Erzwungene Schwingung

Differentialgleichung $\ddot{x} + 2\delta\dot{x} + \omega_0^2 x = \dfrac{F_{max}}{m}\cos\omega t$

Ort-Zeit-Funktion (eingeschwungen) $\qquad x = x_{max}\cos(\omega t - \phi)$

  Amplitude $\qquad x_{max} = \dfrac{F_{max}/m}{\sqrt{(\omega_0^2 - \omega^2)^2 + (2\delta\omega)^2}}$

  Phasendifferenz $\qquad \varphi = \arctan\left(\dfrac{2\delta\omega}{\omega_0^2 - \omega^2}\right)$

Wellenausbreitung

Wellengleichung (1-dim./ 3-dim.) $\qquad \dfrac{\partial^2\eta}{\partial x^2} = \dfrac{1}{c^2}\dfrac{\partial^2\eta}{\partial t^2} \qquad\qquad \dfrac{\partial^2\eta}{\partial \vec{r}^2} = \dfrac{1}{c^2}\dfrac{\partial^2\eta}{\partial t^2}$

Wellenfunktionen $\qquad \eta(x,t) = \eta_{max}\cos(kx - \omega t + \varphi_0)$

$\eta(\vec{r},t) = \eta_{max}e^{i(\vec{k}\vec{r} - \omega t + \varphi_0)}$

Wellenzahl $\qquad k = \dfrac{2\pi}{\lambda}$

Kreisfrequenz $\qquad \omega = \dfrac{2\pi}{T} = 2\pi f$

Phasengeschwindigkeit $\qquad c = \dfrac{\omega}{k} = \dfrac{\lambda}{T} = \lambda f$

Literatur

[1]   MEYER, Dirk-Carl (Hrsg.): *Unterlagen zur Vorlesung Physik für Naturwissenschaftler I (TU Bergakademie Freiberg)*. 2016.

[2]   LOEWENHAUPT, Michael (Hrsg.): *Unterlagen zur Vorlesung Experimentalphysik I (TU Dresden)*. 2002.

[3]   RECKNAGEL, Alfred: *Physik: Mechanik*. Verlag Technik, Berlin, 1990. – ISBN 9783341003770.

[4]   RECKNAGEL, Alfred: *Physik: Schwingungen und Wellen, Wärmelehre*. Verlag Technik, Berlin, 1990. – ISBN 9783341009825.

[5]   DEMTRÖDER, Wolfgang: *Experimentalphysik: Mechanik und Wärme*. Springer, Heidelberg, 2002. – ISBN 9783540435594.

[6]   SCHALLREUTER, Walter; GRIMSEHL, Ernst: *Lehrbuch der Physik: Mechanik, Akustik, Wärmelehre*. Teubner, Leipzig, 1977.

[7]   TIPLER, Paul A.; MOSCA, Gene: *Physik: für Studierende der Naturwissenschaften und Technik*. Bd. 8., korr. und erw. Aufl. Springer, Berlin - Heidelberg, 2019. – ISBN 9783662582800.

[8]   MÜLLER, Peter: *Übungsbuch Physik*. 10., neu bearb. Aufl. Fachbuchverl. Leipzig im Hanser-Verl., 2007. – ISBN 9783446407800.

[9]   GREHN, Joachim; KRAUSE, Joachim: *Metzler Physik*. 4. Aufl. Bildungshaus Schulbuchverlage, 2008. – ISBN 9783507107106.

https://doi.org/10.1515/9783111030272-013

Abbildungsverzeichnis

https://doi.org/10.1515/9783111030272-014

Tabellenverzeichnis

https://doi.org/10.1515/9783111030272-015

Nomenklatur

Symbol	Beschreibung	Einheit
a_0	Nullphasenwinkel	s
Δt	Änderung der Zeit	s
Δx	Änderung der Ortskoordinate	m
δ	Abklingrate	s^{-1}
δ	Biegepfeil	m
η	Viskosität	Pa s
Λ	Logarithmisches Dekrement	–
λ	Wellenlänge	m
μ	Poissonzahl	–
μ	Reibungskoeffizient	–
ω	Kreisfrequenz	s^{-1}
ω_0	Eigenfrequenz	s^{-1}
σ	Mechanische Spannung	Pa
τ	Tangentialspannung	Pa
ϱ	Massendichte	$kg\,m^{-3}$
ϱ_0	Massendichte auf Meereshöhe	$kg\,m^{-3}$
A	Fläche	m^2
a	Beschleunigung	$m\,s^{-2}$
a	Große Halbachse der Ellipse	m
a_r	Radialbeschleunigung	$m\,s^{-2}$
a_s	Bahnbeschleunigung	$m\,s^{-2}$
a_x	Beschleunigung entlang der x-Achse	$m\,s^{-2}$
c	Phasengeschwindigkeit	$m\,s^{-1}$
c_w	Widerstandsbeiwert	–
E	Elastizitätsmodul	Pa
E	Energie	J
E_{ges}	Mechanische Gesamtenergie	J
E_{kin}	Kinetische Energie	J
E_{pot}	Potentielle Energie	J
F	Kraft	N
f	Frequenz	Hz
F_{res}	Resultierende Kraft	N
F_{Seil}	Seilkraft	N
F_A	Auftriebskraft	N
F_C	Corioliskraft	N
F_G	Gewichtskraft	N
F_g	Gravitationskraft	N
F_k	Federkraft	N
F_M	Haftreibungskraft	N
F_N	Normalkraft	N
F_R	Reibungskraft	N
F_r	Radialkraft	N
F_S	Kraft entlang der Bahn	N
F_t	Tangentialkraft	N
F_Z	Zentrifugalkraft	N
G	Schubmodul	Pa

https://doi.org/10.1515/9783111030272-016

h	Höhe	m
h_0	Nullpunkt	m
I	Stromstärke	$m^3\,s^{-1}$
J	Trägheitsmoment	$kg\,m^2$
J_A	Trägheitsmoment um Drehachse A	$kg\,m^2$
J_F	Flächenträgheitsmoment 2. Grades	m^4
J_S	Trägheitsmoment mit Achse durch Schwerpunkt	$kg\,m^2$
K	Kompressionsmodul	Pa
k	Federkonstante	$N\,m^{-1}$
k	Wellenzahl	m^{-1}
L	Drehimpuls	$kg\,m^2\,s^{-1}$
L_A	Drehimpuls um Drehachse A	$kg\,m^2\,s^{-1}$
L_S	Drehimpuls mit Achse durch Schwerpunkt	$kg\,m^2\,s^{-1}$
M	Drehmoment	$N\,m$
m	Masse	kg
P	Leistung	W
p	Druck	Pa
p	Impuls	$kg\,m\,s^{-1}$
p_0	Druck auf Meereshöhe	Pa
R	Radius	s
r	Abstand, Polarkoordinate	m
Re	Reynolds'sche Zahl	–
s_0	Weg Zustand 0	m
T	Schwingungsdauer, Periodendauer	s
t	Zeit	s
t_0	Zeit Zustand 0	s
t_p	Zeit die vergeht um Punkt P zu erreichen	s
V	Volumen	m^3
v	Geschwindigkeit	$m\,s^{-1}$
v_s	Bahngeschwindigkeit	$m\,s^{-1}$
v_x	Geschwindigkeit entlang der x-Achse	$m\,s^{-1}$
v_{x_0}	Anfangsgeschwindigkeit entlang der x-Achse	$m\,s^{-1}$
v_{x_p}	Geschwindigkeit im Punkt P entlang x-Achse	$m\,s^{-1}$
W	Arbeit	J
W_a	Beschleunigungsarbeit	J
x	Ortskoordinate	m
x_0	Anfangsweg entlang der x-Achse	m
x_m	Amplitude	m
Z	Zwangskraft	N

Über das Buch

Zur Entstehung des Buches

Das vorliegende Buch ist eine Fortentwicklung der klaren Dresdner Experimentalphysikschule an der TU Bergakademie Freiberg. Gemeinsam mit den Studierenden wurde die Idee der Lehrbriefe aufgegriffen, womit das Werk auch für das Fernstudium, die Ferien oder andere freie Zeiten geeignet ist. Die Inhalte mit akademischem Anspruch sind konzentriert und möglichst intuitiv gefasst, mit Experimenten unterlegt und insbesondere für die Hochschullehre aufbereitet. Der Themenumfang beginnt bei der Kinematik von Punktmassen gefolgt von der Dynamik gemäß der Newton'schen Grundgesetze und reicht über energetische Betrachtungen und Erhaltungsgrößen bis hin zum Verhalten von Flüssigkeiten und Gasen, beschleunigten Bezugssystemen und mechanischen Schwingungen und Wellen. Dabei können die elementaren Grundprinzipien des spannenden Regelwerks der Mechanik über viele Brücken auf Basis vorhandener schulischer Grundkenntnisse vertieft werden. Die Autoren bringen ihre langjährigen Erfahrungen in der aktiven Lehre ein. Eine klare Gliederung wird durch frische Cartoons zum Nachdenken und „Luftholen" unterstützt. Kapitelzusammenfassungen untersetzen die Lehrbegleitung. Das Manuskript entstand während des Wintersemesters 2022/23 parallel zu Vorlesung und Übungen, wobei eine zurückliegende Verschriftlichung durch die Freiberger Absolventin Anne Taubert eine wichtige Basis bildete. Eine Gruppe von Studierenden begleitete die Abfassung aktiv durch Korrekturlesen und Diskussion, zu nennen sind hier insbesondere Samuel Schwarzenberg und Niklas Stöckel. Das Konzept wurde dem gesamten Hörerkreis vorgestellt, durch eine Abstimmung unter der Teilnahme von 60 Studierenden bewertet und auf dieser Grundlage weiterentwickelt. Die Autoren denken gern an ihr Erleben der akademischen Lehre zurück, und möchten ihrem Umfeld, das sowohl Forschung als auch administrative Unterstützung darstellt, danken. Dabei sollen insbesondere Herr Peter Paufler (TU Dresden), Frau Kerstin Annassi (Projektträger Jülich) und Frau Theresa Lemser (Zentrum für effiziente Hochtemperatur-Stoffwandlung Freiberg) namentlich genannt werden.

https://doi.org/10.1515/9783111030272-017

Die Autoren

Matthias Zschornak

Prof. Matthias Zschornak studierte von 2002 bis 2008 Physik an der TU Dresden. Als Festkörperphysiker vertiefte er die Themenschwerpunkte Resonante Streuung von Röntgenstrahlung und Kristallmodellierung in seiner Diplomarbeit bei Prof. Peter Paufler und der anschließenden Zeit am Helmholtz-Zentrum Dresden-Rossendorf bei Prof. Sibylle Gemming. Im Jahr 2010 folgte er Prof. Dirk C. Meyer an die TU Bergakademie Freiberg, wo er im Jahr 2015 promovierte und sich im Anschluss eine Arbeitsgruppe mit Fokus auf Synchrotronforschung aufbaute. Für seine Arbeiten erhielt er angesehene internationale Preise im Bereich der Kristallographie und der Festkörperphysik. Im Jahr 2023 wurde er zum Professor für Technische Physik an die Hochschule für Technik und Wirtschaft Dresden berufen. Während seiner gesamten Zeit als Wissenschaftler war er im Themengebiet des vorliegenden Werkes auch als Dozent und Übungsleiter tätig und griff in den zurückliegenden Jahren die Idee der Lehrbriefe aktiv auf.

Dirk C. Meyer

Prof. Dirk C. Meyer studierte von 1986 bis 1991 Physik an der TU Dresden. Sein Arbeitsgebiet, die Strukturaufklärung kristalliner Materialien mittels Röntgenmethoden, prägt seine Arbeit als Festkörperphysiker bis zum heutigen Tage. Seine Promotion im Jahre 2000 fertigte er unter Leitung von Prof. Peter Paufler an. Danach war er Leiter einer selbstständigen Nachwuchsgruppe an der TU Dresden, im Jahr 2007 erfolgte die Berufung auf die Juniorprofessur für Nanophysik. Im Jahr 2009 wurde er zum Professor für Experimentelle Physik an die TU Bergakademie Freiberg berufen. In den Jahren 2010 bis 2013 gehörte er als Prorektor für Bildung und anschließend bis 2015 als Prorektor für Strukturentwicklung dem Rektorat der Universität an. Er ist Direktor des Instituts für Experimentelle Physik und Wissenschaftlicher Sprecher des Zentrums für effiziente Hochtemperatur-Stoffwandlung an der TU Bergakademie Freiberg.

https://doi.org/10.1515/9783111030272-018

Die Grafikerin

Franziska Thiele

Schon in jungen Jahren hegte Franziska Thiele ein ausgeprägtes Interesse an Grafik und Mediengestaltung. Die Faszination für kreative Prozesse begann als bloßes Hobby, entwickelte sich jedoch schnell zu einer Leidenschaft, die ihre akademischen und beruflichen Aktivitäten prägen. Angetrieben vom Wunsch ihre Fähigkeiten praktisch anzuwenden, führte sie ihr Weg zunächst in eine Ausbildung zur Gestaltungstechnischen Assistentin und schließlich an die Hochschule Mittweida, wo sie derzeit ein Studium der Medieninformatik und des interaktiven Entertainments absolviert (bei Prof. Alexander Marbach). Während des Studiums hat sie ihre Kenntnisse unter anderem in den Bereichen der grafischen Gestaltung, der Programmierung und der interaktiven Medien vertieft. Über ihre akademischen Aktivitäten hinaus lebt Franziska Thiele mit zwei Stubentigern in einem Dschungel aus 14 Zimmerpflanzen, die ihr in ihrem täglichen Leben als Quelle der Inspiration dienen.

https://doi.org/10.1515/9783111030272-019

Stichwortverzeichnis

https://doi.org/10.1515/9783111030272-020

www.ingramcontent.com/pod-product-compliance
Lightning Source LLC
Chambersburg PA
CBHW081535220326
41598CB00036B/6445